智能光电制造技术及应用系列教材

■ 教育部新工科研究与实践项目
■ 财政部文化产业发展专项资金资助项目

激光切割设备
操作与维护手册

赵 剑 肖 罡 陈 庆 / 编著

湖南大学出版社
·长沙·

内 容 简 介

本书从培养实际操作技能的角度出发，分 4 个部分，共 9 个项目。第一部分为基础知识与学习准备，主要介绍激光切割技术基础知识及产品安全与防护措施；第二部分为光纤激光切割设备及系统构成，主要介绍激光切割设备及系统构成，结合国内外各大厂商的典型设备，针对大族旗下的经典激光切割机进行相关切割参数、主机结构及激光切割系统的由表入深、由总到分、系统化、模块化的介绍；第三部分为激光切割设备的操作规范，详细讲解两款激光切割设备的操作规范及设备的构成、功能；第四部分为激光切割设备维护与保养，主要介绍激光切割设备主机及辅机的维护与保养。每个项目后均附有练习题，旨在帮助学生更好地巩固本书的重要内容和知识点。

本书可作为全国应用型本科及中、高等职业院校相关专业的教材，也可作为激光切割设备操作人员的培训教材。

图书在版编目（CIP）数据

激光切割设备操作与维护手册/赵剑，肖罡，陈庆编著. —长沙：湖南大学出版社，2022.10

智能光电制造技术及应用系列教材

ISBN 978-7-5667-2555-4

Ⅰ.①激… Ⅱ.①赵… ②肖… ③陈… Ⅲ.①激光切割—切割设备—操作—手册 ②激光切割—切割设备—维修—手册 Ⅳ.①TG485-62

中国版本图书馆 CIP 数据核字（2022）第 111008 号

激光切割设备操作与维护手册

JIGUANG QIEGE SHEBEI CAOZUO YU WEIHU SHOUCE

编　著：赵　剑　肖　罡　陈　庆	
策划编辑：卢　宇	
责任编辑：廖　鹏	
印　　装：长沙市宏发印刷有限公司	
开　　本：787 mm×1092 mm　1/16	印　　张：10.75　字　数：236 千字
版　　次：2022 年 10 月第 1 版	印　　次：2022 年 10 月第 1 次印刷
书　　号：ISBN 978-7-5667-2555-4	
定　　价：55.00 元	

出 版 人：李文邦

出版发行：湖南大学出版社

社　　址：湖南·长沙·岳麓山　　　　　　　　邮　　编：410082

电　　话：0731-88822559（营销部），88821327（编辑室），88821006（出版部）

传　　真：0731-88822264（总编室）

网　　址：http://www.hnupress.com

电子邮箱：814967503@qq.com

系列教材指导委员会

杨旭静　张庆茂　朱　晓　张　璧　林学春

系列教材编委会

主任委员：高云峰
总　主　编：陈　焱　胡　瑞
总　主　审：陈根余
副主任委员：张　屹　肖　罡　周桂兵　田社斌　蔡建平
编委会成员：杨钦文　邓朝晖　莫富灏　赵　剑　张　雷
　　　　　　刘旭飞　谢　健　刘小兰　万可谦　罗　伟
　　　　　　杨　文　罗竹辉　段继承　陈　庆　钱昌宇
　　　　　　陈杨华　高　原　曾　媛　许建波　曾　敏
　　　　　　罗忠陆　邱婷婷　陈飞林　郭晓辉　何　湘
　　　　　　王　剑　封雪霁　李　俊　何纯贤

参编单位

大族激光科技产业集团股份有限公司　　大族激光智能装备集团有限公司
湖南大族智能装备有限公司　　　　　　江西科骏实业有限公司
湖南大学　　　　　　　　　　　　　　湖南科技大学
江西应用科技学院　　　　　　　　　　湖南铁道职业技术学院
湖南科技职业学院　　　　　　　　　　娄底职业技术学院

总　序

　　激光加工技术是 20 世纪能够与原子能、半导体及计算机齐名的四项重大发明之一。激光也被称为世界上最亮的光、最准的尺、最快的刀。经过几十年的发展，激光加工技术已经走进工业生产的各个领域，广泛应用于航空航天、电子电气、汽车、机械制造、能源、冶金、生命科学等行业。如今，激光加工技术已成为先进制造领域的典型代表，正引领着新一轮工业技术革命。

　　国务院印发的《中国制造 2025》重要文件中，战略性地描绘了我国制造业转型升级，即由初级、低端迈向中高端的发展规划，将智能制造领域作为转型的主攻方向，重点推进制造过程的智能化升级。激光加工技术独具优势，将在这一国家层面的战略性转型升级换代过程中扮演无可比拟的关键角色，是提升我国制造业创新能力、打造从中国制造迈向中国创造的重要支撑型技术力量。借助激光加工技术能显著缩短创新产品研发周期，降低创新产品研发成本，简化创新产品制作流程，提高产品质量与性能；能加工出传统工艺无法加工的零部件，增强工艺实现能力；能有效提高难加工材料的可加工性，拓展工程应用领域。激光加工技术是一种变革传统制造模式的绿色制造新模式、高效制造新体系。其与自动化、信息化、智能化等新兴科技的深度融合，将有望颠覆性变革传统制造业，但这也给现行专业人才培养、培训带来了全新的挑战。

　　作为国家首批智能试点示范单位、工信部智能制造新模式应用项目建设单位、激光行业龙头企业，大族激光智能装备集团有限公司（大族激光科技产业集团股份有限公司全资子公司）积极响应国家"大力发展职业教育，加强校企合作，促进产教融合"的号召，为培养激光行业高水平应用型技能人才，联合国内多家知名高校，共同编写了智能光电制造技术及应用系列教材（包含"增材制造""激光切割""激光焊接"三个子系列）。系列教材的编写，是根据职业教育的特点，以项目教学、情景教学、模块化教学相结合的方式，分别介绍了增材制造、激光切割、激光焊接的原理、工艺、设备维护与保养等相关基础知识，并详细介绍了各应用领域典型案例，呈现了各类别激光加工过程的全套标准化工艺流程。教学案例内容主要来源于企业实际生产过程中长期积累的技术经验及成果，相信对读者学习和掌握激光加工技术及工艺有所助益。

　　系列教材的指导委员会成员分别来自教育部高等学校机械类专业教学指导委员会、中国光学学会激光加工专业委员会，编著团队中既有企业一线工程师，也有来自知名高校和职业院校的教学团队。系列教材在编写过程中将新技术、新工艺、新规范、典型生产案例悉数纳入教学内容，充分体现了理论与实践相结合的教学理念，是突出发展职业教育，加强校企合作，促进产教融合，迭代新兴信息技术与职业教育教学深度融合创新模式的有益尝试。

　　智能化控制方法及系统的完善给光电制造技术赋予了智慧的灵魂。在未来十年的时间里，激光加工技术将有望迎来新一轮的高速发展，并大放异彩。期待智能光电制造技术及应用系列教材的出版为切实增强职业教育适应性，加快构建现代职业教育体系，建设技能型社会，弘扬工匠精神，培养更多高素质技术技能人才、能工巧匠、大国工匠助力，为全面建设社会主义现代化国家提供有力人才保障和技能支撑树立一个可借鉴、可推广、可复制的好样板。

大族激光科技产业集团
股份有限公司董事长

2021 年 11 月

前　言

早在 2006 年，激光行业就被列为国家长期重点支持和发展的产业。伴随激光的发展及应用拓展，国家陆续出台规划政策给予支持。2011 年，激光加工技术及设备被列为当前应优先发展的 21 项先进制造高技术产业化重点领域之一；2014 年，激光相关设备技术再次被列入国家高技术研究发展计划；2016 年，国务院印发的《"十三五"国家科技创新规划》《"十三五"国家战略性新兴产业发展规划》等规划均涉及激光技术的提高与发展；2020 年，科技部、国家发改委等五部门发布《加强"从 0 到 1"基础研究工作方案》，将激光制造列入重大领域，要求推动关键核心技术突破，并提出加强基础研究人才培养。

在美、日、德等国家，激光技术在制造业的应用占比均超过 40%，该占比在我国是 30% 左右。在工业生产中，激光切割占激光加工的比例在 70% 以上，是激光加工行业中最重要的一项应用技术。激光切割是利用光学系统聚焦的高功率密度激光束照射在被加工工件上，使得局部材料迅速熔化或汽化，同时借助与光束同轴的高速气流将熔融物质吹除，配合激光束与被加工材料的相对运动来实现对工件进行切割的技术。激光切割技术可将批量化加工的稳定高效与定制化加工的个性服务完美融合，摆脱成型模具的成本束缚，替代传统冲切加工方法，可在大幅缩短生产周期、降低制造成本的同时，确保加工稳定性，兼顾不同批量的多样化生产需求。结合上述优势，激光切割技术应用推广迅速，已成为推动智能光电制造技术及应用发展的至关重要的动力。

新修订的《中华人民共和国职业教育法》于 2022 年 5 月 1 日起施行，这是该法自 1996 年颁布施行以来的首次大修。职业教育法的此次修订，充分体现了国家对职业教育的愈发重视，再次明确了"鼓励企业举办高质量职业教育"的指导思想。在教育部新工科研究与实践项目、财政部文化产业发展专项资金资助项目的支持下，大族激光科技产业集团股份有限公司策划牵头，积极响应国家大力发展职业教育的政策指引，结合激光行业发展，组织编写了智能光电制造技术及应用系列教材。其中，系列教材编委会根据"激光切割"全工艺流程及企业实际应用要求编写了"激光切割"子系列教材共 4 本，即《激光切割设备操作与维护手册》《激光切割 CAM 软件教程》《激光切割技术及工艺》《激光切割技术实训指导》。本系列教材具有以下特点：

（1）在设置理论知识讲解的同时，对设备或软件按照实际操作流程进行讲解，既做到常用特色重点介绍，也做到流程步骤全面覆盖。

（2）在对激光切割全流程操作步骤、方法等进行详解的基础上，注重读者对激光切割工艺认知的培养，使读者知其然并知其所以然。

（3）采用"部分→项目→任务"的编写格式，加入实操配图进行详解，使相关内容直观易懂，还可以强化课堂效果，培养学生兴趣，提升授课质量。

本书由赵剑、肖罡、陈庆编著，郭晓辉、仪传明、王剑、邱婷婷、戴璐祎、李俊、何湘也为本书的出版作出了贡献。本书是激光切割系列丛书中的基础教材，是关于激光切割设备的操作教程。设备操作直接影响加工零件的工艺，是零件加工过程中重要的环节。本书分4个部分，共9个项目，旨在使学生通过系统的学习，了解激光切割的技术要求以及安全规范，掌握复杂的大型激光切割设备及其辅机的功能构成以及相互配合下的作业原理，深入理解各个操作步骤背后的工艺原理，且能够针对实际工况进行灵活调整和优化操作，正常处理切割过程中的常见问题，完成设备的日常维护与保养，延长设备寿命且对自身安全负责。本书从强化培养操作技能、掌握实用技术的角度出发，较好地体现了当前最新的实用知识与操作技术，为学生后续学习激光切割的实训课程、参加科研生产以及成为技术人才奠定理论和实践基础，同时对于提高从业人员素质、促进其掌握光纤激光切割机操作及维护的核心知识与技能也有直接的帮助和指导作用。

本书在编写过程中得到了大族激光智能装备集团有限公司、湖南大族智能装备有限公司、江西科骏实业有限公司等企业，以及湖南大学、湖南科技大学、江西应用科技学院、湖南铁道职业技术学院等院校的大力支持，在此表示衷心感谢。

本书中所采用的图片、模型等素材，均为所属公司、网站或者个人所有，本书仅作说明之用，绝无侵权之意，特此声明。

由于作者水平有限，书中存在不妥及不完善之处在所难免，希望广大读者发现问题时给予批评与指正。

作　者

2022 年 4 月

目　次

第一部分　基础知识与学习准备

第二部分　光纤激光切割设备及系统构成

第三部分　激光切割设备的操作规范

第四部分　激光切割设备维护与保养

第一部分

基础知识与学习准备

项目 1

激光切割技术基础知识

📖 **项目描述**

1916 年，美国著名物理学家爱因斯坦发现了激光的原理和奥妙；1960 年，世界上第一台激光器诞生。

激光器自问世以来，就应用于多种不同的行业。激光切割是一门研究激光与材料相互作用的加工技术，属于高新技术领域。现阶段，激光切割设备的性能随着科技的发展而不断增强，应用领域也变得更加广泛。如今的激光切割设备用途广、种类多，随着行业需求而千变万化，有大功率用于重型加工工业的激光切割设备，也有小功率用于医疗和美容的激光器等。

本项目主要介绍激光的各项基本属性，侧重于讲解激光的产生且适用于激光切割的原理，旨在使学生对激光的产生和激光切割的原理进行系统的了解和认识，以及对激光切割在生产中的用途形成初步认知。

任务 1　激光技术背景知识

1）激光的产生

激光的英文名称"laser"是"light amplification by stimulated emission of radiation"中每个单词首字母组成的缩写词，意思是"由受激辐射产生的光放大"。由此可见，受激辐射是产生激光的基础。

受激辐射概念是爱因斯坦于 1917 年首先提出的。在普朗克于 1900 年用辐射量子化假设成功地解释了黑体辐射分布规律，以及波尔于 1913 年提出原子中电子运动状态量子化假设的基础上，爱因斯坦从光量子概念出发，重新推导了黑体辐射的普朗克公式，并提出了两个极为重要的概念：受激辐射和自发辐射。

激光通过光与物质相互作用产生，而在相互作用的过程中，受激辐射产生的作用最为关键，故命名为"激光"。

激光器要进行激光发射，首先需要使给定的激光工作物质处于粒子数反转的状态，而其中要使用适当的激励和激励装置实现特定能级的粒子数反转，这种激励装置正是光泵（泵浦源）（optical resonant cavity）。

光学谐振腔是光波在其中来回反射从而提供光能反馈的空腔，是激光器必要的组成部分之一，通常由两块与工作介质周线垂直的平面或凹球面反射镜构成。工作介质指在外界能量的激励下，可以在某原子的某两个能级间满足粒子数反转的物质，可以使某些特定频率的光放大。光学谐振腔的作用是选择频率一定、方向一致的光，使其具有最优的放大作用，而对其他频率和方向的光加以抑制，从而发射出较强能量的激光。图 1.1 为激光器原理。

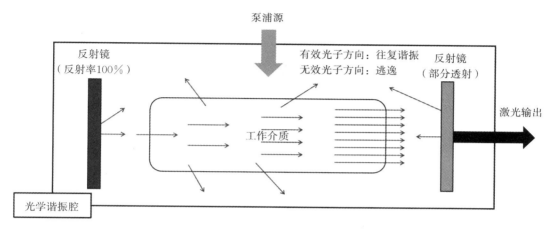

图 1.1　激光器原理

2）激光的特性

激光作为光中的佼佼者，具有高亮度性、高方向性、高单色性和高相干性等特点。

（1）高亮度性（图 1.2）

亮度是指发光体光强与光源面积之比，定义为该光源单位的亮度，即单位投影面积上的发光强度。在激光发明前，人工光源中高压脉冲氙灯的亮度最高，与太阳的亮度不相上下，而红宝石激光器的激光亮度，能超过氙灯的几百亿倍。因为激光的亮度极高，所以能够照亮远距离的物体。红宝石激光器发射的光束在月球上产生的亮度约为 0.02 lx（光照度的单位），颜色鲜红，激光光斑肉眼可见。激光亮度极高的主要原因是定向发光，大量的光子被集中在一个极小的空间范围内射出，能量密度自然极高。

激光的亮度与阳光之间的比值是百万级的，而且它是人类创造的。毫不夸张地说，激光是现代最亮的光源。迄今为止，唯有氢弹爆炸瞬间的强烈闪光，才能与它相比拟。

（2）高方向性（图 1.3）

光源的方向性通常以发散角 α 来度量。α 越小，表明光源的方向性越好。普通光源中方向性最好的探照灯，其光束的发散角也有 0.01 rad（1 rad＝10^3 mrad＝57.296°）。激光的发散角一般在毫弧度级别，探照灯光的发散角比其大十倍以上，微波的发散角比其大约一百倍。由于谐振腔限制了对光振荡的方向，激光只有沿腔轴方向受激辐射才能振荡放大。当然，由于谐振腔反射镜对光存在衍射极限，发散角为零的可能性也微乎其微。尽管如此，光源的发散角越趋近于零，就离理想的光束效果越近。

图 1.2　激光的高亮度性　　　　　　图 1.3　激光的高方向性

（3）高单色性

光的单色性越高，光束聚集的程度和能量就越高。光的颜色由光的波长决定，而光都有一定的波长范围。波长范围越窄，其表现出来的单色性越好。普通的光源发出的光，如阳光等自然光，由于波长分布范围比较宽，表现出来的颜色就会相对杂乱。而经激光器输出的光，波长分布范围非常窄，颜色极纯，因此激光具有很高的单色性。

（4）高相干性

光波是由无数光量子所组成的，从激光器中发射出来的光量子由于共振原理，在波长、频率、偏振方向上基本一致。相较于普通光源，激光的相干性更强。因能量高且集中、精度高、方向统一，激光能轻易切割不锈钢等金属板材。

3）激光的应用

激光的应用，按照激光头是否与激光作用的物质接触，分为接触式和非接触式两种工作模式。激光应用的领域，主要有工业、医疗、商业、科研、信息和军事六个领域。

本系列教材主要介绍激光加工技术。激光加工技术是一门利用激光束与物质相互作用的特性对材料（包括金属与非金属）进行切割、焊接、表面处理、打孔、微加工等的技术。加工系统包括激光器、导光系统、加工机床、控制系统及检测系统。加工工艺包括切割、焊接、表面处理、打孔、打标、划线、微调等。

激光焊接技术主要应用于汽车车身厚薄板、汽车零件、锂电池、心脏起搏器、密封继电器等密封器件以及各种不允许焊接污染和变形的器件的焊接。

激光切割技术应用于汽车行业、计算机、电气机壳、木刀模业中各种金属零件和特殊材料的切割。

激光打标技术在各种材料和几乎所有行业均得到广泛应用。

激光打孔技术主要应用在航空航天、汽车制造、电子仪表、化工等行业。

激光热处理技术在汽车工业中应用广泛，如缸套、曲轴、活塞环、换向器、齿轮等零部件的热处理，同时在航空航天、机床行业和其他机械行业也应用广泛。

激光快速成型技术是将激光加工技术和计算机数控技术及柔性制造技术相结合的一种新技术，多用于模具和模型行业。

激光涂敷技术在航空航天、模具及机电行业应用广泛。

任务 2　激光切割技术

1）激光切割技术分类及相关技术原理

激光切割（图 1.4）是利用经聚焦的高功率密度激光束照射工件，使被照射的材料迅速熔化、汽化、烧蚀或达到燃点，同时借助与光束同轴的高速气流吹除熔融物质，从而实现将工件割开的技术。其原理如图 1.5 所示。激光切割属于热切割方法之一。

图 1.4　激光切割

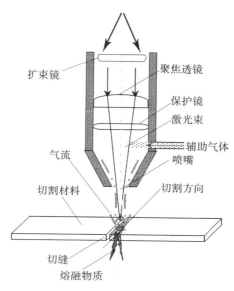

图 1.5　激光切割原理

激光切割可分为激光汽化切割、激光熔化切割、激光氧气助燃切割和激光划片与控制断裂四类。

（1）激光汽化切割

激光汽化切割的原理是利用高功率密度的激光束加热工件，使工件温度迅速上升，在非常短的时间内达到材料的沸点。材料开始汽化，形成蒸气。这些蒸气在高速喷出的同时，在材料上形成切口。因材料的汽化热一般很大，所以激光汽化切割时需要很大的功率和功率密度。

激光汽化切割多用于极薄金属材料和非金属材料（如纸、布、木材、塑料和橡皮等）的切割。

（2）激光熔化切割

激光熔化切割的原理是利用一定功率密度的激光加热工件，使金属材料熔化，然后通过与光束同轴的喷嘴喷吹非氧化性气体（Ar、He、N_2等），依靠气体的强大压力使液态金属排出，形成切口。激光熔化切割所需功率密度只有汽化切割的1/10。

激光熔化切割主要用于一些不易氧化的材料或活性金属的切割，如不锈钢、钛、铝及其合金等。

（3）激光氧气助燃切割

激光氧气切割原理类似于氧乙炔切割。它是用激光作为预热热源，用氧气等活性气体作为切割气体。喷吹出的气体一方面与切割金属作用，发生氧化反应，放出大量的氧化热；另一方面把熔融的氧化物和熔化物从反应区吹出，在金属中形成切口。由于切割过程中的氧化反应产生了大量的热，所以激光氧气助燃切割所需要的能量只需熔化切割的1/2，而切割速度远远大于激光汽化切割和熔化切割。

激光氧气助燃切割主要用于碳钢、钛钢以及热处理钢等易氧化的金属材料。

（4）激光划片与控制断裂

对于容易受热破坏的脆性材料，可通过激光束加热进行高速、可控的切断，这称为控制断裂切割。这种切割过程的主要内容：激光束加热脆性材料小块区域，引起该区域大的热梯度和严重的机械变形，导致材料形成裂缝。只要保持均衡的加热梯度，激光束可引导裂缝在任何需要的方向产生。

2）激光切割特点

激光切割具备以下几个特点：

（1）切割质量好

由于激光光斑小、能量密度高、切割速度快，激光切割能够获得较好的切割质量。

激光切割切口细窄，切缝两边平行并且与表面垂直，切割零件的尺寸精度高，可达±0.05 mm；切割表面光洁美观，表面粗糙度只有几十微米；材料经过激光切割后，热影响区宽度很小，切缝附近材料的性能也几乎不受影响，工件变形小；激光切割甚至可以作为最后一道工序，之后无须机械加工，其制造的零部件（图1.6）即可直接使用。

（2）切割效率高

由于激光的传输特性，激光切割机上一般配有多台数控工作台，整个切割过程可以全部实现数控。操作时，只需改变数控程序，就可适用不同形状零件的切割，既可

（a） （b）

图 1.6 激光切割的零部件图

进行二维切割，又可实现三维切割。

（3）切割速度快

用功率为 1 200 W 的激光切割 2 mm 厚的低碳钢板，切割速度可达 600 cm/min。材料在激光切割时不需要装夹固定，既可节省工装夹具，又可节省上、下料的辅助时间。

（4）非接触式切割

激光切割时喷嘴与工件无接触，不存在喷嘴的磨损；加工不同形状的零件，不需要更换"刀具"，只需改变激光器的输出参数；激光切割过程噪声低、振动小、无污染。

3）激光切割应用

（1）汽车行业

汽车行业需要很多特定版型的零部件（图 1.7），如车身框架、车门、后备厢以及汽车上的按键轮廓等细小部件，都是非常适合激光加工的对象。在欧美工业发达的国家，有 50% 以上的汽车零部件由激光加工来完成制造，其中激光切割主要用来加工安全气囊面板、车门、保险杠等部件。此类零部件对加工的可塑性、精确性要求较高，传统的切割工艺效率低、精度差，而激光切割技术可以在整版套料上进行切割，切割头也更加灵活，正好能够弥补传统切割工艺的这些缺点。

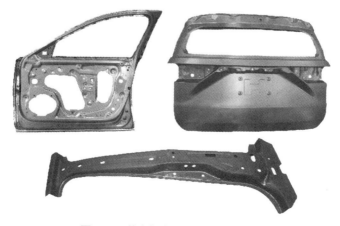

图 1.7 激光切割的汽车零部件图

（2）家居行业

家具装修中的门窗（图1.8）有精致的雕花图案，对切割的灵活性和精准度有一定要求，而高效的激光切割技术同样适合于这样的行业。一些高端的铝窗加工工厂已经建立了智能生产基地实现智能激光切割生产。

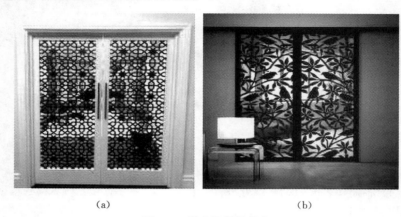

（a）　　　　　　　　　　　　　　　（b）

图1.8　激光切割的门窗

（3）广告行业

激光切割技术也常用于广告行业，主要适用于门店招牌、指示牌、公园镂空雕塑等指示性标志和工艺品的切割。传统的广告牌加工需要模具打样，而激光切割无须开模，直接在板材上进行雕刻即可完成广告牌（图1.9）的加工，降低了模具的制作成本，提高了生产速度。

图1.9　激光切割的广告牌

（4）厨具行业

厨具是我们日常生活中必不可少的用品，且随着时代和经济的发展，人们对生活用品的要求也越来越高。在厨具市场竞争越来越激烈的情况下，器具的生产方式就要不断优化。以往的剪板、冲裁方式效率低，消耗多，产生的废料容易污染环境，而激光切割技术可以有效地缩短厨具的生产时间，减少原材料的损耗，也能在厨具表面进行更精细的美化加工，正好满足了工厂和客户的需求。市面上常见的切割厨具（图1.10）有刀具、锅铲、煮锅等。

图1.10　激光切割的厨具

课后习题与自测训练

一、单选题

1. 世界上第一台激光器被制造出来的年份是（　　　）。

A. 1960 年　　　　　B. 1961 年　　　　　C. 1962 年　　　　　D. 1963 年

2. 以下哪个属性不属于激光的特性？（　　　）

A. 高亮度性　　　　　B. 高方向性　　　　　C. 高单色性　　　　　D. 高柔韧性

3. 下列哪种气体不能辅助激光切割？（　　　）

A. 二氧化碳　　　　　B. 氧气　　　　　　　C. 氦气　　　　　　　D. 氮气

4. 下列哪个选项不属于激光切割的优势？（　　　）

A. 切割质量好　　　　B. 切割速度快　　　　C. 一次成型　　　　　D. 切割噪声大

5. 下列哪种材料适宜使用激光氧气助燃切割？（　　　）

A. 木材　　　　　　　B. 碳钢　　　　　　　C. 不锈钢　　　　　　D. 亚克力

二、判断题

1. 用激光治疗肿瘤属于非接触式激光。　　　　　　　　　　　　　　　　（　　　）

2. 激光切割的过程中，只发生了物理反应。　　　　　　　　　　　　　　（　　　）

三、简答题

1. 请简述激光的特性。

2. 请简述激光切割的原理。

产品安全与防护措施

项目描述

随着科技的不断发展，激光技术已广泛应用于工业、医学、农业、军事、通信、科学研究、测量等领域。激光可以说是一项推动了加工工艺革命性进步的创新技术，但因其固有的物理特性，若不正确使用，则可能会存在潜在危害。

激光的危害通常分为光束危害和非光束危害。光束危害指激光光束本身带来的危害，主要包括热损伤、激光诱导的冲击波在组织中传播造成的伤害和激光照射人体可能导致的光化学反应带来的伤害。

非光束危害包括：

①电气危害。激光器中的高压电可能造成电击危害。

②化学危害。如激光器在进行激光加工时，可能产生有毒物质。

③间接辐射危害。高压电源、激光的产生等都能产生间接辐射。

④其他危害。噪声、爆炸、低温制冷液危害、重金属危害、火灾危害、机械危害等。

作为物理类实验室的常规设备，激光器的安全性无疑是备受关注的一个话题，因此必要的激光防护安全培训必不可少。激光安全大致可以分为两方面：一方面是对激光产品生产和应用的行政管理上的控制措施，如制定并执行相应的法令法规和制度；另一方面是对激光产品和系统在工程上的控制措施，如将激光产品依据相应的标准，配置应有的安全装置，在现场采用系统的保护装置与防护措施等。

本项目旨在通过对激光产品和激光切割安全操作规程的介绍，使学生正确认识激光产品的潜在危险，培养学生的安全防范意识，同时使学生能够有效利用激光产品的安全防护功能，达到保障激光设备安全及人身安全的目的。

任务 1   激光产品的安全防护

1）激光产品常见的安全隐患

激光技术在我们的日常生活中随处可见，小到激光笔、条码扫描器，大到激光切割机。使用激光产品时，若现场防护不当，可能会存在如表 2.1 所示的安全隐患。

表 2.1　激光产品常见的安全隐患

类　型	可能造成的安全隐患
对人眼的伤害	严重暴露在激光下可能会对角膜和视网膜造成伤害，伤害的位置和范围取决于激光的波长和级别。长期接触可能造成白内障或者视网膜损伤
对皮肤的伤害	严重暴露在强的红外波段激光下可能对皮肤造成烧伤，而紫外波段激光可能导致烧伤、皮肤癌以及加速皮肤老化
电气危害	激光产品使用的电压（包括直流和交流）通常较高，因而应时刻提防电缆、连接器或者设备外罩是否存在危险
机械危害	设备部分组件重量大，边角锋利，有砸伤或割伤的隐患
化学危害	激光器在进行激光加工时，会产生有害粉尘和有毒气体，操作人员长时间在工作区域内工作，如果没有采取防护措施，将会导致呼吸道和肺部疾病
火灾危害	在激光工作过程中，激光的直接照射可能引燃易燃品

2）激光安全防护措施

激光控制管理的目的是将暴露的激光辐射降低到安全范围内，包含激光设备、场地安全标志及激光安全管理。

（1）工程控制事项

工程控制是指对激光源及其光束传输和聚焦系统在结构上所采取的安全措施，主要包括：

①防护罩。每个激光产品必须装有防护罩，以防止人员接触超过 1 级的激光辐射。

②挡板和安全联锁。在维护或工作期间需要移开防护罩，这会使操作人员接触到 3 级的激光辐射，所以必须为防护罩安装挡板并提供安全联锁。安全联锁的设计必须在挡板移开时可自动避免辐射。

③钥匙控制器。属于 3B 级和 4 级的任何激光系统都必须安装一个可用钥匙操作的总开关（图 2.1），且钥匙必须是可取下的，并要有专人保管。当取下钥匙时，激光辐射是不可接触的。钥匙也可以是磁卡、密码系统等。

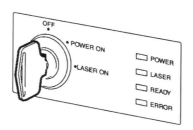

图 2.1　激光系统的钥匙开关

④安全光路。安全光路是对激光辐射可能引起燃烧或次级辐射予以封闭后的光路。即每个激光产品必须装有控制装置，以确保在调整和使用时人员不会接触超过1类及2类AEL激光辐射。

⑤光束终止器或衰减器。为了使激光束不超越受控的加工区域，可使用光束终止装置或衰减装置如光束终止器、衰减器等。光束终止器、衰减器属于3B级和4级的任何激光系统都必须带有一个或多个永久性的附加衰减装置（如光束终止器或衰减器）。光束终止器或衰减器应能防止人员接触超过1类及2类AEL激光辐射。

⑥激光辐射发射警告。每台激光产品必须设置必要的可听或可视的安全报警装置。

⑦激光安全标志。不同安全等级的激光产品都应有相应的安全标志，特别是在工程应用的加工区域，要设置危险标志和必要的报警装置。激光安全标志的张贴位置必须位于人眼看得到且不受激光伤害的地方。放置有激光产品的房间，其进出口处也必须设置明显的激光辐射警告标志，如图2.2所示。激光辐射警告标志至少每半年检查一次，如发现有褪色、破损、变形等现象应及时修整或更换。

图2.2　激光辐射警告标志

（2）个人防护事项

①佩戴激光防护眼镜。图2.3为激光防护眼镜，激光防护眼镜的滤光片可以选择性地衰减特定的激光波长，并尽可能地透过安全的激光辐射。在使用激光产品时，要根据不同的激光器和不同的安全级别佩戴相应的防护眼镜。佩戴防护眼镜工作时，也不能直视光束，且室内要有足够的照明。

②穿戴激光防护服。应为特殊工作岗位的工作人员配备防护服，且防护服要耐火、耐热。

③佩戴防护口罩。在进行激光加工时，难免会产生有害粉尘和有毒气体，因此工作场所应设置通风吸尘装置，如排风扇、工业吸尘器等。操作人员也应该佩戴适宜的口罩进行防护，如工业防护口罩（见图2.4）。

④穿戴防护手套和劳保鞋。在进行原材料搬运、成品下料、余料和废料处理时，需要做好相关防护措施，如佩戴防护手套、穿劳保鞋（见图2.5），以防止划伤。保管劳动保护用品时要注意，防止脏污和损坏，且使用前要仔细检查，确认其功能良好，方可使用。

　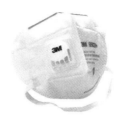　

图 2.3　激光防护眼镜　　　图 2.4　工业防护口罩　　　图 2.5　劳保鞋

（3）安全管理

安全管理主要包括设置专门的激光安全管理者，明确其职责、权利，并对其进行安全培训及医学监督；对接触激光的人员进行安全教育和训练，必要时安排激光操作人员进行定期体检；在生产区张贴相应安全生产规范图标等，如图 2.6 所示。设备制造厂商应制定激光安全操作规程，对激光产品严格分级定标，为操作者提供安全使用指南。

总之，激光辐射安全防护要注意以下几个方面：

①学习必要的激光辐射安全防护知识。

②养成良好的安全操作习惯。

③严格遵守操作规程。

④采取必要的防护措施。

进入生产区
请遵守安全生产规定

必须穿工作服　整理整顿　精心操作　严格招待检查　通道必须保持畅通

（a）

进入生产区
ENTER PLANT AREA
请佩戴好劳保用品
PLEASE WEAR PROPER PERSONAL PROTECTION EQUIPMENT

（b）

图 2.6　安全生产规范图标

任务 2　激光产品的安全标准

1）激光产品安全标准

（1）国际标准

国际电工委员会（International Electrotechnical Commission，IEC）是电气领域的

国际标准化机关，负责有关电气工程和电子工程领域中的国际标准化工作。IEC 专门针对激光产品辐射安全制定了系列标准，其中，IEC 60825-1 就激光产品的安全做了规定，这也是 IEC 成员国的通用安全标准。

（2）美国 FDA 认证标准

美国食品和药品监督管理局（Food and Drug Administration，FDA）的职责是确保美国本国生产或进口的食品、化妆品、医疗器械、激光辐射产品的安全。其下的器械和放射健康中心（Center for Devices and Radiological Health，CDRH）负责对放射领域法律法规的实施进行监管，确保新上市的医疗器械的安全和有效。FDA 制定的 CDRH 21 CFR 1040.10 标准，对激光产品的安全做了相关规定。

（3）中国国家标准

为了更好地制造出面向全球的激光产品，以 IEC 60825-1 标准为基础，中国有关部门研究制定了《激光产品的安全》（GB 7247）激光产品安全标准。激光加工设备和操作均应遵照《激光产品的安全 第 1 部分：设备分类、要求》（GB 7247.1—2012）激光产品的安全执行。设备分类、要求及激光设备和设施的电气安全遵照国家标准《激光设备和设施的电气安全》（GB/T 10320—2011）执行。

2）激光产品安全分级

（1）国际标准对激光产品的安全分级

国际标准主要有国际电工委员会（IEC）标准、国际标准化组织（ISO）标准、世界卫生组织（WHO）标准以及美国国家标准学会（ANSI）标准。其中，IEC 和 ANSI 专门针对激光产品辐射安全制定了系列标准。IEC 60825-1 规定了激光产品的安全标准，并将激光产品分为 4 级。ANSIZ 136.1 也同样将激光产品分为 4 级。

表 2.2 为国际标准对激光产品的安全分级。

表 2.2　国际标准对激光产品的安全分级

分　类	激光产品分类的规定	产品实例
1 级	基于现在的医学知识，该级激光产品被认为是安全的，包括长时间使用光学仪器进行裸眼束内观察	DVD 播放器
1M 级	在合理可预见的工作条件下，该级激光产品是安全的。但是若用光学仪器进行裸眼束内观察，则最大允许辐照量（maximum permissible exposure，MPE）可能会超出眼睛所能承受的程度，对眼睛造成伤害，且可见光谱范围内的光辐射还有可能造成眩目效应	小功率光纤通信激光器
2 级	小功率、可见激光（400～700 nm），属于低危险激光。眼睛对这类激光源看久了会自动生厌（眨眼）而自我保护。通常可通过眨眼等回避反应来保护眼睛，除非有意直视激光源，否则其在合理预见的工作条件下是安全的，包括长时间使用光学仪器进行裸眼束内观察	激光扫描仪、激光笔

续表

分　类	激光产品分类的规定	产品实例
2M 级	其辐射范围在可见光谱区，短时间内进行裸眼观察是安全的。但是若用光学仪器（如双目镜、望远镜、显微镜等）进行裸眼束内观察，可能会对眼睛造成伤害	激光水平仪
3R 级	其可达激光辐射（accessible emission limits，AEL）值是 2 级激光产品（可见光谱范围）或者 1 级激光产品（不可见光谱范围）AEL 值的 5 倍，其危害程度会随着辐射时间持续而增加。但在绝大多数情况下，该级激光产品造成的危害是很小的。正常使用没有危害，直视光束有危害	激光测距仪
3B 级	只要裸眼束内观察就会对眼睛造成伤害，包括意外造成的短时间暴露在光辐射中。观察散射光束一般是安全的。接近 3B 级激光产品 AEL 值时，如果光束直径较小或者已经聚焦，可能会造成皮肤轻微损伤或者使易燃材料燃烧	激光灯显示投影仪
4 级	束内观察、皮肤暴露在光辐射下，甚至观察散射光束都会产生危险。使用这类激光产品还要特别小心火灾	激光焊接机、激光打标机

高功率光纤激光切割机的激光等级是属于第 4 级。因为激光是属于经过处理的物理光，所以对人体不会有辐射性伤害从而引起细胞癌变，但高功率激光器发出的光束为直接光束，属于高强光，这些反射或散射光束都可造成眼睛或皮肤的伤害，所以对这类激光不能直接看也不能直接触碰它，需要佩戴防护眼睛、防护手套、防护服等，并在安全操作的情况下使用激光设备。目前激光切割机都会配备钣金件外罩作为第一层防护，能有效防止激光外泄和保护操作人员的安全。

（2）我国对激光产品的安全分级

我国现在执行的是强制性安全标准《激光产品的安全 第 1 部分：设备分类、要求》（GB 7247.1—2012）。根据这一标准，我国激光产品分为 4 类，其中第 3 类激光产品又细分为 3A 类和 3B 类。

1 类激光产品：连续波功率很小，只达微瓦级或更小。在正常操作下，不会产生对人有伤害的光辐射，一般不必采取防护措施。代表产品有激光打印机、DVD 播放器。

2 类激光产品：其功率为 0.1～1 mW，仍属小功率范围，可以用肉眼观察；允许辐射范围在可见光谱区，且人员接触 AEL 值不允许超过 2 类可达辐射极限的激光产品，需要附加警告标志，进行安全测试。眼睛对这类激光源看久了会自动生厌（眨眼）而自我保护。代表产品有激光笔、激光扫描仪、条码扫描器（图 2.7）。

3A 类激光产品：其连续波输出功率为 1～5 mW，通常应采取防护措施；工作区及激光源都应设相应的警告标志。对强光正常躲避的人来说，该类产品不会对裸眼造成伤害，但是利用光学仪器直视这类激光源会对眼睛造成伤害，应加强防护。代表产品有激光棒、直线校准仪器。

3B 类激光产品：其输出功率为 5～500 mW，直接靠近这类激光源对身体有危害。

通过漫反射器观看这类激光源，距离应在 150 mm 以上且观看时间应少于 10 s。此类激光源应设警告标志。代表产品有用于物理治疗的激光治疗仪（图 2.8）。

图 2.7　条码扫描器

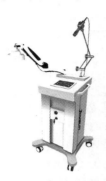

图 2.8　半导体激光治疗仪

4 类激光产品：其输出功率在 0.5 W 以上，即使通过漫反射也有可能引起危害，如灼伤皮肤、引燃可燃物等，故操作这类激光源时应特别小心。对该类产品要进行严格的管理与控制，且应配备明显的警告标志。代表产品有大功率激光切割机（图 2.9）、激光焊接机。

图 2.9　光纤激光切割机

任务3　激光切割的安全操作规程

1）作业前安全操作要求

①操作者必须经过专业培训和授权才能操作激光设备，熟悉和掌握激光切割机的结构、性能、调整方法和安全须知。

②严格遵守设备安全操作规程，按规定穿戴好劳动保护用品。

③严格按照激光器启动程序启动激光器，严禁在安全门打开状态下进行出光操作生产，在激光束附近必须佩戴符合规定的防护眼镜。

④将灭火器放在随手可及的地方，不加工时应关闭激光器或光闸，禁止在未加防护的激光束附近放置纸张、布匹或其他易燃物品。

⑤保持激光器、床身及周围场地整洁、有序，工件、板材、废料需按规定堆放。

⑥使用气瓶时，应避免压坏焊接电线，以免漏电事故发生；气瓶的使用、运输应遵守气瓶监察规程。气瓶应放置整齐、稳固且置于通风及远离火源的地方；开启气瓶时，操作者应站在瓶嘴侧面，以防气瓶突然泄气造成伤害。

⑦激光切割机工作区应保证良好的通风，以使加工过程中的有害气体和物质及激光工作气体能充分排放到室外。

⑧开机前检查系统的安全设施，尤其是开关。

⑨严禁疲劳、酒后操作激光切割机。

2）作业过程安全操作要求

①设备开动时，操作人员不得擅自离开岗位，以免发生紧急情况不能及时处理。如的确需要离开，应当停机或切断电源开关。

②搬运、装卸加工材料时，要严防材料掉落伤人，且要佩戴好防护手套，以防割伤。

③设备通电状态下，不要触摸电气柜内带电的元器件。

④开机后，应手动低速向 X、Y 轴方向开动机床，检查确认有无异常情况。

⑤激光加工前，先走模拟边框，注意观察机床运行情况，以免激光头运行出有效行程范围发生碰撞，造成事故。

⑥交换工作台前，应确保机床后面的工作台旁边没有人员，板材摆放位置没有超出工作台加工区域，以免造成人身伤害或机床的损坏。

⑦在不确定某一材料是否能用激光照射或加热前，不要对其进行加工，以免产生有毒烟雾或蒸气。需提前了解被加工的材料的性质以及激光和该材料相互作用会产生什么样的副产品，同时评估它们对人体健康的影响，并采取必要的防护措施。

⑧聚焦镜和反射镜及其涂层，当加热过度时，会产生有毒物质，故应妥善处理损坏的光学器件，且处理时要佩戴乳胶手套，避免徒手接触。

⑨激光和金属材料作用后，金属材料会残留大量的热，不可立即触碰加工后的材料，以防烫伤。

⑩加工过程中，严禁无关人员进入工作区。

⑪在加工过程中发现异常时，应立即停机，并及时排除故障。

3）作业结束安全操作要求

①激光切割设备不用时，应关掉激光器高压，将速度倍率开关调至 0，以免闲杂人员误操作引起危害。

②操作人员离开激光切割机时，应取下设备控制电源的开关钥匙，以防止其他人员误用。

③维修时要遵守高压安全规程，并设置相关警示标志，以免闲杂人员误操作引起危害。

④作业完毕后，应关闭电源，关闭气体阀门，清理工作现场，并对设备进行日常的保养与维护。

课后习题与自测训练

一、判断题

1. 激光的危害可分为光束危害和非光束危害。 （　　）

2. 能产生医疗作用的，大多属于第3B类和4级激光。 （　　）

3. 脉冲激光只有第1级、3B类和4级。 （　　）

4. 无论在任何条件下，1级激光都不会对人体或皮肤产生危害。 （　　）

5. 激光安全标志至少每一年检查一次。 （　　）

二、单选题

1. 实训室的各种安全管理规章制度应该（　　）。

　A. 上墙或置于便于取阅的地方　　　　　B. 保存在电脑中

　C. 存档在档案袋中　　　　　　　　　　D. 由相关人员集中保管

2. 激光笔、条码扫描器发射的激光属于（　　）激光。

　A. 1级　　　　　　B. 2级　　　　　　C. 3A类　　　　　　D. 4级

3. 输出功率高于（　　）的连续激光，属于4级激光。

　A. 100 mW　　　　B. 200 mW　　　　C. 500 mW　　　　D. 1 000 mW

4. 4级激光的危害不包括（　　）。

　A. 激光辐射足以点燃被照射的材料

　B. 激光辐射的漫反射是有危险的

　C. 输出水平达到此产品上限时，可以对皮肤产生伤害

　D. 通过与板材相互作用不会产生有害辐射

5. 激光打印机发射的激光属于（　　）激光。

　A. 1级　　　　　　B. 2级　　　　　　C. 3A类　　　　　　D. 4级

三、简答题

1. 请简述我国对激光产品的安全分级。

2. 工程控制是指对激光源及其光束传输和聚焦系统在结构上所采取的安全措施，主要包括哪些措施？

第二部分

光纤激光切割设备及系统构成

项目 3

典型激光切割设备

项目描述

自 1960 年世界第一台激光器诞生以来，各种各样的激光技术和激光器如雨后春笋般地发展起来。由于在激光产生时总有一部分能量以无辐射跃迁的方式转化为热，如何解决这一散热问题，光纤激光器就这样应运而生了。其将激光介质做成细长的光纤形状，有效增大了表面积，有利于热量的散发，满足了高光束质量、高功率输出的需求。光纤激光切割机因光纤激光器光源在效率、散热、光束质量等方面的优势，已成为激光切割行业的主流加工方式。本项目主要介绍这一类型的激光切割设备。

德国通快（TRUMPF）集团创立于 1923 年，是工业用机床、激光技术和电子技术领域的世界优秀企业；于 2000 年在中国成立通快（中国）有限公司，主要生产平面激光机床和配件，提供创新性的优质产品，并提供金属薄板加工、激光生产工艺、电源应用等问题的解决方案。

大族激光科技产业集团股份有限公司（简称"大族激光"）于 1996 年创立，是专业从事工业激光加工设备与自动化等配套设备及关键器件研发、生产和销售的高新技术企业；具备从基础器件、整机设备到工艺解决方案的垂直一体化优势，是全球领先的工业激光加工及自动化整体解决方案服务商。公司主要业务为通用元件及行业普及产品、行业专机、极限制造，业务范围从工业激光加工设备与自动化等配套设备拓展到上游的关键器件。其主要产品包括激光打标机系列、激光焊接机系列、激光切割机系列、新能源激光焊接设备、工业机器人等多个系列 200 余种工业激光设备，并提供智能装备解决方案。

华工科技产业股份有限公司（简称"华工科技"）成立于 1999 年，是国家重点高新技术企业。公司以"激光技术及其应用"为主业，在已形成的激光装备制造、光通信器件、激光全息防伪、传感器、信息追溯的产业格局基础上，针对全球"再工业化"发展趋势以及自身特点，集中优势资源发展智能制造关键产品及解决方案。

其他国内外知名激光设备企业还有邦德激光、楚天激光、迅镭激光、奔腾激光、百超（Bystronic）、天田（AMADA）、马扎克（Mazak）、萨瓦尼尼（Salvagnini）等。

本项目旨在使学生通过本节的学习，对目前国内外的激光切割机厂商及公司的典型设备有一定的了解，并掌握激光切割产品的类型及相关配置。

任务 1　典型国外设备

1）通快（TRUMPF）——TruLaser 30 系列

TruLaser 3030 fiber 光纤激光切割机如图 3.1 所示，TruLaser 3000 系列光纤激光切割机技术参数如表 3.1 所示。

图 3.1　TruLaser 3030 fiber 光纤激光切割机

表 3.1　TruLaser 3000 系列光纤激光切割机技术参数

技术参数	TruLaser 3030 fiber	TruLaser 3040 fiber	TruLaser 3060 fiber Y2	TruLaser 3060 fiber Y2.5
X 轴行程/mm	3 000	4 000	6 000	6 000
Y 轴行程/mm	1 500	2 000	2 000	2 500
Z 轴行程/mm	115	115	115	115
X、Y 轴最大定位速度 /（m·min^{-1}）	170	170	170	170
X、Y 轴定位精度/（mm·m^{-1}）	±0.05	±0.05	±0.05	±0.05
X、Y 轴重复定位精度/（mm·m^{-1}）	±0.03	±0.03	±0.03	±0.03

2）萨瓦尼尼（Salvagnini）——L3 系列光纤激光切割机

Salvagnini L3 光纤激光切割机如图 3.2 所示，Salvagnini L3 系列光纤激光切割机技术参数如表 3.2 所示。

图 3.2　Salvagnini L3 光纤激光切割机

表 3.2　Salvagnini L3 系列光纤激光切割机技术参数

技术参数	L3-30	L3-40	L3-4020	L3-6020
加工幅面（长×宽）/（mm×mm）	3 048×1 524	4 064×1 524	4 064×2 032	6 096×2 032
Z 轴行程/mm	100	100	100	100
最大移动速度/（m·min^{-1}）	156	156	156	156
X、Y 轴定位精度/（mm·m^{-1}）	±0.08	±0.08	±0.08	±0.08
X、Y 轴重复定位精度/（mm·m^{-1}）	±0.03	±0.03	±0.03	±0.03

任务 2　典型国内设备

1）大族激光高速光纤激光切割机

（1）HF 系列

大族激光 HF 系列光纤激光切割机如图 3.3 所示，大族激光 HF 系列光纤激光切割机技术参数如表 3.3 所示。

图 3.3　HF 系列光纤激光切割机

表 3.3　HF 系列光纤激光切割机性能指标参数

技术参数	G3015HF	G4020HF	G6020HF	G6025HF
加工幅面 （长×宽）/（mm×mm）	3 000×1 500	4 000×2 000	6 000×2 000	6 000×2 500
X、Y 轴重复定位精度 /（mm·m^{-1}）	±0.02	±0.02	±0.02	±0.02
X、Y 轴最大定位速度 /（m·min^{-1}）	200	200	160	160
X、Y 轴最大加速度	2.8g	2.8g	2.5g	2.5g
技术参数	G8025HF	G10025HF	G12025HF	G12030HF
加工幅面 （长×宽）/（mm×mm）	8 000×2 500	10 000×2 500	12 000×2 500	12 000×3 000
X、Y 轴重复定位精度 /（mm·m^{-1}）	±0.02	±0.05	±0.05	±0.05
X、Y 轴最大定位速度 /（m·min^{-1}）	160	140	140	140
X、Y 轴最大加速度	2.5g	1.5g	1.5g	1.5g

（2）F 系列

大族激光 F 系列高速光纤激光切割机如图 3.4 所示，大族激光 F 系列高速光纤激光切割机技术参数如表 3.4 所示。

图 3.4　F 系列高速光纤激光切割机

表 3.4　F 系列高速光纤激光切割机性能指标参数

技术参数	G3015F	G4020F	G6020F	G6025F	G8025F	G10025F	G12025F
加工幅面 （长×宽）/（mm×mm）	3 000× 1 500	4 000× 2 000	6 000× 2 000	6 000× 2 500	8 000× 2 500	10 000× 2 500	12 000× 2 500
X、Y 轴定位精度 /（mm·m^{-1}）	±0.03	±0.03	±0.03	±0.03	±0.03	±0.05	±0.05

续表

技术参数	G3015F	G4020F	G6020F	G6025F	G8025F	G10025F	G12025F
X、Y轴重复定位精度 / (mm·m^{-1})	±0.02	±0.02	±0.02	±0.02	±0.02	±0.03	±0.03
X、Y轴最大定位速度 / (m·min^{-1})	140	140	140	140	140	140	140
X、Y轴最大加速度	2.5g	2.2g	2.2g	2.0g	2.0g	2.0g	2.0g

2）华工激光光纤激光切割机

（1）MARVEL 系列

华工科技 MARVEL 系列光纤激光切割机如图 3.5 所示，华工科技 MARVEL 系列激光切割机技术参数如表 3.5 所示。

图 3.5 MARVEL 系列光纤激光切割机

表 3.5 MARVEL 系列光纤激光切割机技术参数

技术参数	MARVEL3015	MARVEL4022	MARVEL6255	MARVEL8255
加工幅面 （长×宽） / (mm×mm)	3 000×1 500	4 000×2 200	6 000×2 550	8 000×2 550
X 轴行程/mm	3 100	4 064	6 080	8 080
Y 轴行程/mm	1 530	2 225	2 570	2 570
Z 轴行程/mm	280	280	280	280
X、Y轴最大定位速度 / (m·min^{-1})	100	100	100	100
联动最大定位速度 / (m·min^{-1})	140	140	140	140
X、Y轴最大加速度	2.0g	2.0g	2.0g	2.0g
X、Y轴定位精度 / (mm·m^{-1})	±0.05	±0.05	±0.05	±0.05

续表

技术参数	MARVEL3015	MARVEL4022	MARVEL6255	MARVEL8255
X、Y轴重复定位精度 / (mm·m^{-1})	±0.025	±0.025	±0.025	±0.025

（2）GF 系列

华工科技 GF 系列光纤激光切割机如图 3.6 所示，华工科技 GF 系列激光切割机技术参数如表 3.6 所示。

图 3.6　GF 系列光纤激光切割机

表 3.6　GF 系列光纤激光切割机技术参数

技术参数	GF3015	GF4022	GF6025
加工幅面（长×宽）/ (mm×mm)	3 000×1 500	4 000×2 200	6 000×2 500
X 轴行程/mm	1530	2230	2530
Y 轴行程/mm	3050	4050	6050
Z 轴行程/mm	100	100	100
X、Y轴最大定位速度/ (m·min^{-1})	80	80	80
联动最大定位速度/ (m·min^{-1})	110	110	110
X、Y轴最大加速度	1.2g	1.2g	1.2g
X、Y轴定位精度/ (mm·m^{-1})	±0.05	±0.05	±0.05
X、Y轴重复定位精度/ (mm·m^{-1})	±0.025	±0.025	±0.025

3）邦德激光——P 系列光纤激光切割机

（1）P 系列

邦德激光 P 系列光纤激光切割机如图 3.7 所示，P 系列光纤激光切割机技术参数如表 3.7 所示。

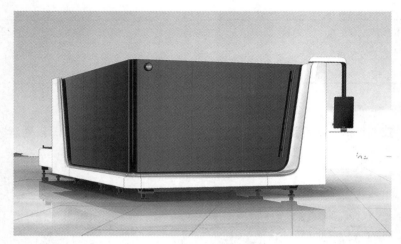

图 3.7　P 系列光纤激光切割机

表 3.7　P 系列光纤激光切割机技术参数

技术参数	P8	P6	P4	P3
加工幅面（长×宽）/（mm×mm）	8 100×2 500	6 100×2 500	4 000×2 000	3 000×1 500
X、Y 轴定位精度/（mm·m^{-1}）	±0.05			±0.03
X、Y 轴重复定位精度/（mm·m^{-1}）	±0.03			±0.02
最大联动速度/（m·min^{-1}）	169			
X、Y 轴最大加速度	2.0g		2.5g	

（2）C 系列

邦德激光 C 系列光纤激光切割机如图 3.8 所示，C 系列光纤激光切割机技术参数如表 3.8 所示。

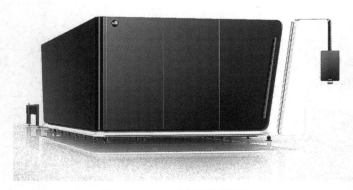

图 3.8　C 系列光纤激光切割机

表 3.8　C 系列光纤激光切割机技术参数

型号	C12	C8	C6	C4	C3
加工幅面（长×宽）/（mm×mm）	12 000×2 500	8 000×2 500	6 100×2 500	4 000×2 000	3 048×1 524
X、Y 轴定位精度 /（mm·m^{-1}）	±0.05				
重复定位精度 /（mm·m^{-1}）	±0.03				
最大联动速度 /（m·min^{-1}）	110				
X、Y 轴最大加速度	1.5g				

课后习题与自测训练

简答题

1. 世界上第一台激光器是哪一年诞生的？

2. 请列举至少 5 个国内外的激光设备企业。

项目 4

激光切割设备主机

项目描述

光纤激光切割机主要由机床主机部分、电气控制部分、冷水机组、冷风系统、排风系统等五部分组成。机床主机部分是光纤激光切割机的主体，光纤激光切割机的切割功能和切割精度最终由主机部分实现。机床主机部分（图4.1）由床身、横梁部分、Z轴装置、工作台、辅助部分（防护罩、气路及水路）、操作台等部分组成。平面激光切割机属于三轴数控机床，其中双龙门轴为 X/V 轴，Z 轴装置横向运动方向为 Y 轴，切割头上下升降方向为 Z 轴。X、V、Y、Z 轴采用进口伺服系统进行驱动控制。

机床主机外观采用专业的工业设计理念，凸显出简约大气的风格，可移动旋转操作台，结合人机工程学原理，给操作者带来更舒适的体验。

图 4.1　数控光纤激光切割机主机的整体效果图

激光切割机主机的型号主要根据其有效切割幅面大小进行命名，例如有效切割幅面为长度 3 000 mm，宽度 1 500 mm，则主机的型号命名为 G3015HF，以此类推有G4020HF、G6025HF、G8025HF 等不同型号。4020 代表切割板材的最大尺寸为4 000 mm×2 000 mm，6025 代表切割板材的最大尺寸为 6 000 mm×2 500 mm，8025代表切割板材的最大尺寸为 8 000 mm×2 500 mm。

本项目以大族激光（HAN'S）系列的激光切割机为例，旨在通过各部件的详细介绍，使学生了解激光切割机床的整体结构布局及其所起的作用，同时使学生对各机构模块间的配合有一定了解，基本可以构思出设备主机的整体结构分布。

任务 1 设备床身

床身采用整体焊接的方式，经退火消除内应力处理，在粗加工后再进行一次精加工，这大大地提高了机床的刚性和稳定性，确保了机床的加工精度。床身底部采用若干专业设计的固定地脚，根据机型的幅面大小会有不同数量的配置，用以承载床身的重量，同时具有一定量的可调节范围，从而确保在平整度较差的地面上可以通过调节以满足床身整体水平度要求。

如图 4.2 所示，光纤激光切割机床采用双电机驱动横梁实现 X 轴方向的往复运动，实现快速移动和进给运动；齿轮齿条和直线导轨采用封闭的防尘装置，其中防尘罩重量轻，运行可靠；欧标六级齿条和 P 等级直线导轨均是原装进口的精密产品，有效地保证了传动的精度；行程两端有软限位、硬限位双重开关控制，同时辅以两侧的弹性缓冲垫，有效地保证了机床运动的安全性；机床配有自动润滑装置，可定期向床身、横梁部分的运动部件添加润滑油，保证运动部件在良好的状况下运行，提高了齿轮、齿条使用寿命。床身侧面装有可回转操作台，转动灵活，方便操作。

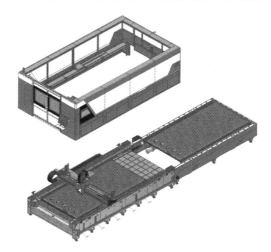

图 4.2 主机整体结构图

如图 4.3 所示，床身内部切割区域进行若干分区、分段设计，每个区域各配有一组除尘风门组件。风门组件在气缸的控制下进行开闭动作。每次进行切割工作时，该区域风门会打开，首先用除尘设备将切割区域的烟尘收集干净。床身尾部设置有与除尘装置连接的转接头，可直接连接外部除尘设备进行除尘收集。床身内部安装有若干带有一定倾斜角度的落料钣金件，这些落料钣金件可以有效地将切割台上掉落的切割工件及熔渣集中收集到废料小车里，便于集中处理。

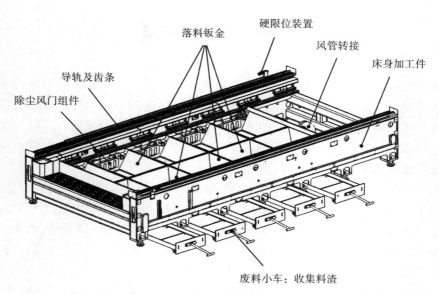

图 4.3　机床床身

任务 2　横梁部分

如图 4.4 所示，机床横梁采用铸铝制造而成，重量轻，强度高，在消除内应力后再进行一次机械加工，保证了整体的刚性和稳定性。

横梁两侧底座通过床身上的两侧导轨滑块固定。横梁 X/V 轴采用进口力士乐伺服电机配合高精密减速电机驱动，通过齿轮齿条啮合传动，在规定的行程内实现横梁直线往复运动。

横梁上面和侧面装有精密的直线导轨，X 轴同样采用进口伺服电机搭配高精密减速机进行驱动，通过减速机齿轮与齿条啮合旋转，Z 轴滑板在伺服电机的驱动下实现 Y 轴方向的直线往复运动；在运动过程中，有限位开关控制行程，同时两端还有弹性缓冲垫，保证了系统运行的安全性；横梁上面和两侧由外罩封闭，横梁与横向滑板之间装有可伸缩的风琴式防护罩，保证齿条和直线导轨在全封闭的环境中运行，不受外界环境的影响。横梁左侧安装有拖链支架用于固定拖链，横向设置有若干走线槽，合理分布线路，确保在高速移动过程不受损坏。

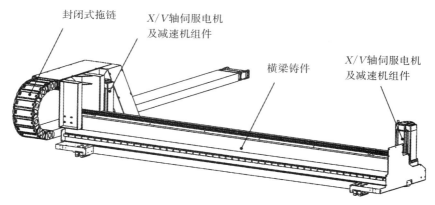

封闭式拖链
X/V轴伺服电机及减速机组件
横梁铸件
X/V轴伺服电机及减速机组件

图 4.4 机床横梁

任务 3 Z 轴装置

如图 4.5 所示，Z 轴上下装置可实现切割头的上下运动。一般光纤激光切割机的 Z 轴行程在 120 mm 左右，以满足不同厚度板材的切割，上下两端均采用接近开关控制行程，同时两端有弹性缓冲垫，保证了运动的安全性。齿轮齿条和直线导轨均采用优质产品，保证了传动的精度。

Z 轴既可以作为一个数控轴进行其单独的插补运动，也能和 X、Y 轴联动，还可以切换成随动控制，满足不同情况的需要。Z 轴随动是由数控系统控制的，因此随动的精度比较高，稳定性比较好，这保证了切割的质量。

Z 轴装置中的电容传感器检测出喷嘴到板材表面的距离后，将信号反馈到控制系统，然后由控制系统控制 Z 轴电机驱动切割头上下运动，控制喷嘴与板材的距离，有效地保证切割质量。手动调焦切割头有调节焦距的螺母，可根据切割材料的材质和厚度来调整焦点的位置，由此获得良好的切割断面。而自动调焦切割头可根据设置的焦点位置值自动调节焦点。Z 轴设有直线导轨滑块加注润滑油的油嘴，需要定期加注润滑油。

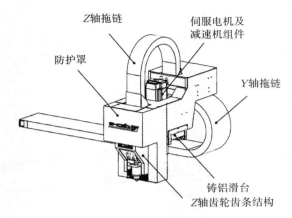

图 4.5　Z 轴装置

任务 4　交换工作台

交换工作台主要由固定工作台、升降传动总成和上下两个活动工作台组成，为激光切割的上料区域，可实现双工作台工作，一边切割一边上料，极大地提升了加工效率。

1）固定工作台

如图 4.6 所示，固定工作台的主体框架采用折弯板材焊接成型；主体框架退火处理后加工轴承孔，保证大小齿轮合理啮合传动，拖动链轮、活动工作台导轨及大齿轮高度的一致，保证了整个传动高速准确地运行；固定工作台的两侧支座为焊接后退火结构件，各传动部件定位面、孔由加工中心整体机加工完成；交换工作台固定在床身后侧，上下换位进出。

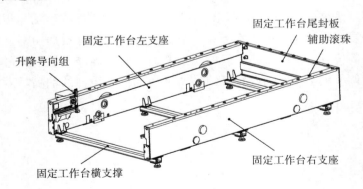

图 4.6　固定工作台

2）升降传动总成

如图 4.7 所示，升降传动总成主要负责将上下工作台抬升至床身对接导轨面位置，通过传动链条销轴与活动牵引过渡件连接，在牵引电机驱动下运动至切割区域。升降总成由升降和减速电机组件、大齿轮组件、小齿轮组件、传动轴、支撑架等组成。减速电机旋转带动小齿轮组，通过小齿轮组与大齿轮组的啮合传动，固定于大齿轮下端的支撑架会随着大齿轮的转动从最低位置移动至规定行程的位置，与此同时安装于支撑上的活动工作台就实现了升降的目的。升降传动受限于减速电机的输出扭力，为确保传动的稳定性和安全性，一般会要求活动工作台上的板材重量不超过一定的负载极限。一般要求 G3015HF 单个活动工作台板材负载不超过 1 t，G4020HF 单个活动工作台板材负载不超过 2 t。

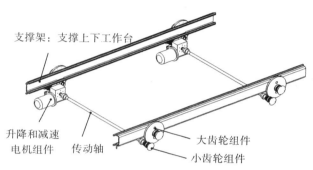

图 4.7　升降传动总成图

3）活动工作台

如图 4.8 所示，活动工作台是板材的放置区，由框架、行走滚轮、板材定位装置、铜刷及标定、牵引过渡件、支撑条板等组成。其中框架由标准型钢拼焊而成，框架两侧安装有若干活动滚轮，框架中间由若干支撑条板通过开槽等方式相互卡紧，组成一个支撑台。行走滚轮有两种结构，一种为锥形轮，一种为四方轮，其中锥形轮与升降传动总成上支撑架的六角导轨组成一种直线运动副，通过两侧的锥形导向确保活动工作台沿直线往复移动，可有效避免脱轨现象。铜刷及标定装置可清洁切割头的喷嘴，同时在板材切割时用于高度标定。板材定位装置为板材的放置区域进行一个有效的定位，以免将板材放置于切割区域之外，切割头无法行走到定位装置区域之外进行切割。

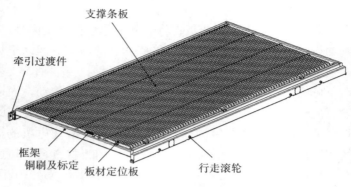

图 4.8　活动工作台细节图

任务 5　防护外罩

　　如图 4.9 所示，机床外罩由外围防护板、观察窗、顶棚组成。机床外罩起隔离机床内部空间和外部空间的作用，可以有效地防止人员及其他生物进入机床，也可以隔离激光切割的光束，将其封闭在机床内部。机床外罩上开有观察窗，便于操作人员在使用设备过程中观察设备运行状态。观察窗一般是专用的激光安全防护玻璃，可以有效地过滤激光的波长。机床四周及顶部全部密封也可以提升机床防尘的效果。有些机床的顶棚为了方便维修还会做成折叠式的，在顶棚打开的情况下，操作人员可以从机床主机部分上方进行吊装上料。

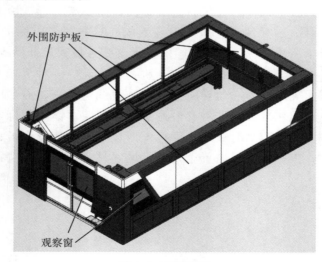

图 4.9　机床外罩

课后习题与自测训练

一、判断题

1. 机床床身内部切割区域分为若干风区，便于切割区域集中除尘。　　（　　）
2. 一般机床 X 方向的往复运动采用齿轮齿条传动。　　（　　）
3. 为了保证齿条和直线导轨在封闭环境中运行，会加装可伸缩的风琴式防护罩。

（　　）
4. 机床各个轴不需要定期进行润滑。　　（　　）
5. 机床加装顶棚，除尘效果会变差。　　（　　）

二、简答题

1. 光纤激光切割机主要由哪几部分组成？
2. 机床外罩主要由哪几部分组成？起什么作用？

激光切割系统构成

随着激光切割机的发展及在各行业中的广泛应用，激光切割设备形成了一整套完善的配套设备，包括切割机主机、电控柜（CNC）、稳压器、激光器、冷水机、除尘器、除尘风机、空压机、冷干机、储气罐等。不仅设备的相关配套已经标准化，设备的布局也有了固定的几种布局形式，其中包括辅助设备左置、辅助设备右置和辅助设备安装在阁楼。

本项目从激光切割系统的布局开始综述整个激光切割系统组成，然后再分别详细讲解电气系统、水路系统、光路系统和气路系统这四大系统，旨在使学生掌握光纤激光切割机电气、水路、光路、气路系统的组成结构及其中各辅机的重要作用，加深学生对激光切割机整机的理解。

任务 1　整机布局

光纤激光切割机主机及各辅机的摆放安装一般如图 5.1 所示，冷水机、光纤激光器等辅机安装在主机的右侧，主机的左侧是废料车及板材上下料的区域。

如图 5.2 所示，光纤激光切割机各部分的作用分别为：

主机是板材加工的主体，切割头的移动也是依托稳固的床身进行的；储气罐是用于储存压缩辅助气体，保证切割时的气压稳定；辅助气体是用于激光切割的辅助气体，气源的类型需要设备所在的工厂根据自身需求自行配置；除尘器（风机）收集机床切割过程中产生的废气及粉尘并在过滤之后排放到室外，保证良好工作环境（风机仅收集及排放，起不到过滤的作用）；其他部分的作用详见后文。

激光切割系统按照相互配合的上下游关系又可以分为电气系统、水路系统、光路系统和气路系统。每一个系统的稳定工作保证了激光切割机床的稳定运行。下面几个任务将为大家详细介绍每个系统的作用及运行的相关注意事项。

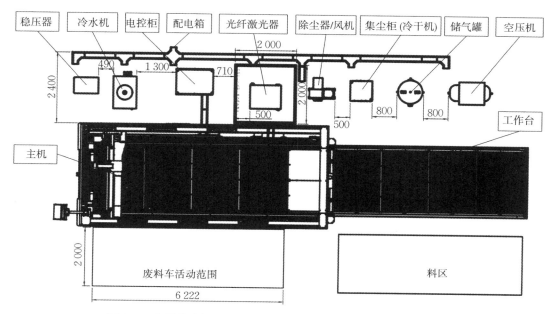

图 5.1　光纤激光切割机标准布局（右置，图中数字单位为 mm）

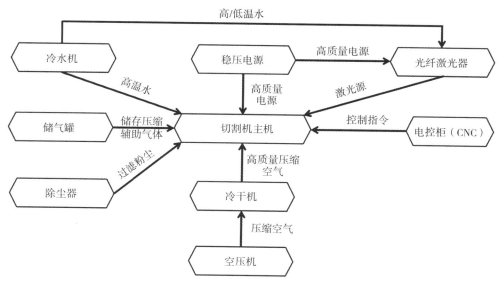

图 5.2　整机各部分的作用示意图

任务 2　电气系统

光纤激光切割机的电气系统（图 5.3）一般由专业的工程师按照接电图纸对主机及各个辅机进行连接。

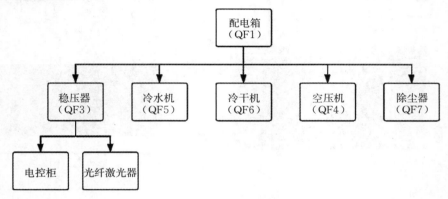

图 5.3　电气系统

主机及各辅机的电路都受总开关 QF1 控制。稳压器、冷水机、空压机、冷干机、除尘器、备用电源接在配电箱的各支路开关上，光纤激光器和电控柜接在稳压电源之后。

1）接地要求

如图 5.4 所示，使用专用的 2.5 m 长的接地铜棒（铜棒直径≥20 mm），在机床区域 3 m 范围内的平地处，将铜棒打入地下，同时用浓盐水浇透，然后引出一根优质的多股绞合软铜线（截面积不小于机床总电源线截面积），引出线应与铜棒采用螺丝进行紧固，保证连接良好，之后将地线连接至设备总地线接线端。

注意：无论用何种方式制作地线，最终的接地电阻值（<4 Ω）都必须满足设计要求。

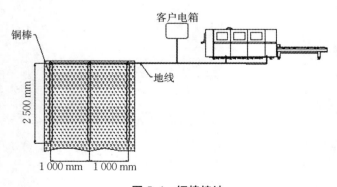

图 5.4　铜棒接地

2）稳压器的接电

稳压器为光纤激光器和电控柜（CNC）提供稳定的电源，保证机器稳定工作。电控柜（CNC）内部有数控加工的控制系统及驱动器、变频器等他功能模块为机床运行提供电气的控制；光纤激光器为激光切割提供激光光源。

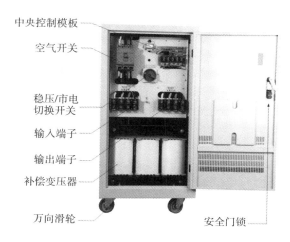

图 5.5　稳压器结构图

（1）注意事项

①机器搬运时请小心轻放，避免造成碰撞。

②请按照操作说明中的指示步骤依序操作。

③请勿打开机盖，以免触电或机器损坏。

④请保持机器干净与整洁。

⑤不得倒置存放和运输。

（2）正常使用条件

①海拔不超过 1 000 m。

②设备运行的环境温度−15～＋50℃。

③空气相对湿度≤90％。

④安装场所应无严重影响稳压器绝缘强度的气体、化学沉淀物、污垢、导电尘埃，以及其他易燃易爆易腐蚀的物质。

⑤安装场所应无严重的振动或颠簸。

（3）接线

接线前应先用 1 000 V 兆欧表测量各带电点（空气开关、接触器、补偿变压器）的绝缘电阻。对地绝缘电阻必须大于 1 MΩ，如达不到要求，则应采取加热干燥、通风去潮等措施直至符合要求。

①进出线导线的选择：一般可根据稳压器额定输出电流，查供电系统《低压用户安全技术规程》中导线安全载流表进行选择，表 5.1 供用户选择导线时参考。

②连接进出线：进线接至标有"输入端"的接线端子；出线接至标有"输出端"的接线端子；中性线接至标有"N"的接线端子；接地线接至标有"PE"的接线端子或紧固件上。

注意：中性线"N"和接地线"PE"一定要接，且不能混淆！并且中性线的线径应与相线的线径相同。

表 5.1　稳压器导线选择参考表

容量/kVA	20	30	50	75	100	150	200	300	400	500	600
额定输出电流/A	30	46	76	114	152	274	303	454	608	760	912
导线（BV）/mm²	10	16	25	35	50	95	150	建议采用铜排布线			

注：BV 线，简称塑铜线，全称铜芯聚氯乙烯绝缘布电线。B 代表类别为布电线，V 代表绝缘为聚氯乙烯。

3）冷水机的接电

冷水机为激光器、QBH 及准直装置提供冷却水。

（1）场地要求

①环境温度为 35～40℃。

②通风良好。

③机组冷风进口距障碍物最小为 5 m。

④机组热风出口距障碍物最小为 3 m。

⑤冷热风严禁短路。

⑥不得被阳光直射。

⑦周围环境中不得存在腐蚀性、爆炸性的气体或粉尘。

⑧场地平整，无倾斜。

（2）电源要求

①采用铭牌要求的电源，电压波动率小于 8%，三相不平衡率小于 2%，频率波动值小于 2%。

②必须安装带漏电和短路保护的空气开关。

③必须按要求接地线。

④如稳压器容量许可，请接入稳压器。

4）空压机的接电

空压机为机床的除尘排风口气缸动作、空气切割及冷却陶瓷环传感器提供压缩空气。

（1）场地要求

①空压机最好安装在通风及照明良好的室内，避免安装在高尘污、高湿度、腐蚀性气体、金属尘埃、日光直接照射或雨水直接淋湿的场所。

②环境温度范围为 0～40℃。

③屋外安装时，应远离锅炉及任何会散发高热的设备且须设有遮雨棚，并必须保持良好的通风环境。

④空压机周围及上方排风扇均应至少保有 1 000 mm 的保养空间。

⑤环境海拔不应高于 1 000 m。空气相对湿度应在 95% 以下。

（2）电源配置

空压机的电源配置应严格要求，否则可能引起电线发热甚至出现电路烧坏等严重故障。表 5.2 为空压机配线参考。

表 5.2　空压机配线参考

容量/kW	7.5	11	15	22	37
国标铜线配线横截面/m²	≥6		≥10	≥16	≥25
配线长度	配线长度请按图示要求，由用户自定，配线不宜过长				

（3）上电方式

①合上机组电源开关。

②先按下冷冻式干燥机（以下简称"冷干机"）启动按钮开关，使冷干机进入正常工作状态。检查蒸发压力仪表灯是否正常，如有故障发生，应立即停机排除；若一切正常，则冷干机继续运行。

③空压机进入启动状态，观察控制器屏幕是否显示正常。当检查到相序错误时，屏幕显示"相序错误"信息，应纠正相序。关闭供电开关，调换三相电源线的任何二相位置，确认无误后，重新启动空压机。

④瞬时启动空压机，确认空压机是否按箭头所示方向转动。若发现转向错误，应立即停机检查，调整正确的转向。

⑤正常启动后，检查空压机屏幕显示是否正常，如有故障发生，应立即停机排除；若一切正常，则空压机继续运行。工作压力从零逐渐升至额定的工作压力后，继续观察控制器显示是否正常，如有异常声音、振动、漏油、漏气现象，应立即停机检查。

⑥启动空压机后，待吸附式干燥机（以下简称"吸干机"）两罐压力均衡至设定工作压力不小于 0.6 MPa 时，按下吸干机启动按钮开关键，使吸干机进入正常工作状态。

5）冷干机的接电

冷干机用来干燥压缩空气中的水，为机床提供干净的空气。

（1）接电要求

①电源要求 220 V、50/60 Hz。

②电缆线接线端要有保护套。

③按照电路图连接火线（L）、零线（N）和接地线。

（2）开机前检查

①空气进口阀处于关闭状态，机组中没有气体流动。

②供电设备能够满足干燥机的电压要求。

③干燥机的安装需要符合安装要求。

④使用开关或按钮启动干燥机。

⑤在空压机启动之前，必须先启动冷干机。

⑥按下启/停按钮，启/停按钮灯亮。

⑦等待 5 min，检查干燥机运行温度和运行压力是否合适。

⑧当空压机运行时，应保证干燥机的运行。

⑨缓慢打开空气进口阀门以加压机组。

⑩打开干燥机的出口阀门，干燥机正常运行。

⑪如装有压缩空气旁路阀则关闭。

⑫在停机后，下次开机必须间隔 3 min 以上。

（3）冷干机停止干燥

①使用冷干机开关或按钮停机。

②在关闭空压机或进入干燥机的空气流中断 2 min 后才能停机。

注意：当冷干机停机或机组由于报警而导致制冷压缩机停机时，压缩机空气不能进入机床。

任务 3 水路系统

光纤激光切割机的水路系统由冷水机、激光器、QBH 和切割头组成。

激光器在运行过程中将电能转化为激光的能量输出到板材。目前市面上激光器的光电转换率普遍为 25%～50%，其中大部分的电能转化为热能。如果这些热量一直留在激光器内部，激光器就会被烧坏，所以目前普遍采用冷水机的方式来吸收这一部分热量。激光器内部需要冷却的结构为光模块和电源水冷板，外部需要冷却的结构为 QBH 和切割头。图 5.6 为冷水机的冷却水接口。

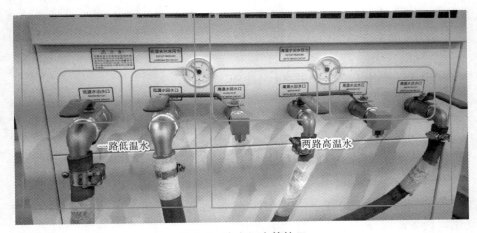

图 5.6 冷水机水管接口

冷水机是激光切割机必不可少的配件之一。如图 5.7 所示，冷水机的工作原理是：先向冷水机注水孔内注入一定量的冷却用水（蒸馏水或高质量去离子水），通过冷水机的制冷系统将水冷却吸入气缸，经过压缩机做功，使之成为压力和温度都较高的气体，进入冷凝器内，高温高压的制冷剂气体与冷却介质冷却风进行热交换，把热量传到激光冷水机外，而制冷剂气体凝结为高压液体，再由冷水机的水泵施压将低温冷却水传送至需冷却的激光设备，这时激光设备里的热量被冷却水带走，而温度升高的冷却水又回流到水箱中再经过冷水机的降温冷却循环。激光切割用冷水机为激光切割设备提供两种温度的冷却水，一种高温水，一种低温水。一般情况下，低温水温度为 25 ℃，用于冷却光模块；高温水温度为 28 ℃（夏天 30 ℃），用于冷却电源水冷板、QBH 和切割头。高温水和低温水的温度根据搭配的激光器和使用的季节要求会有不同，具体以设备厂家要求的为准。（高温水夏天设置温度高于其他季节设置的温度，这是为了避免夏天因为水温设置过低导致切割头内部镜片结露）

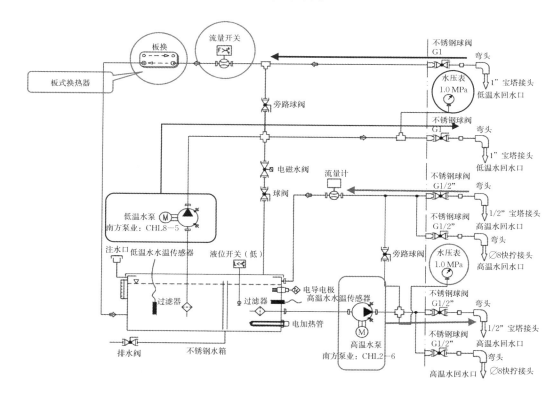

图 5.7 冷水机工作原理
（图中 G 表示英制非密封圆柱螺纹；1/2" 表示螺纹外径为 1/2 英寸）

1）水路系统的连接方式

根据激光器品牌和冷水机的出水口数量不同，水路系统的连接方式一般有以下几种：

（1）连接方式一

如图5.8所示，冷水机有四个水管接口：1、2、3、4。激光器有四个水管接口：A、B、C、D。水路连接的方式为：

低温水系统：1→A→光模块→B→2。

高温水系统：3→C→电源水冷板→D→F→QBH和切割头→E→4。

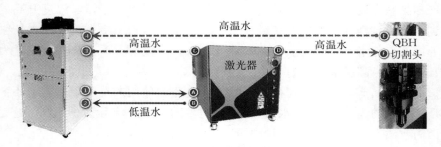

图5.8　水路系统连接方式一

（2）连接方式二

如图5.9所示，冷水机有四个水管接口：1、2、3、4。激光器有两个水管接口：A、B。水路连接的方式为：

低温水系统：1→A→光模块和电源水冷板→B→2。

高温水系统：3→C→QBH和切割头→D→4。

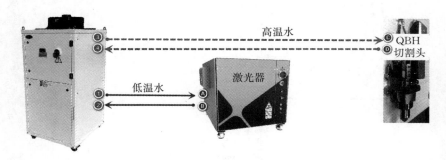

图5.9　水路系统连接方式二

（3）连接方式三

如图5.10所示，冷水机有六个水管接口：1、2、3、4、5、6。激光器有六个水管接口：A、B、C、D、E、F。水路连接的方式为：

低温水系统：1→A→光模块→B→2。

高温水系统1：3→C→电源水冷板→D→G→QBH→H→E→流量计→F→4。

高温水系统2：5→J→切割头→I→6。

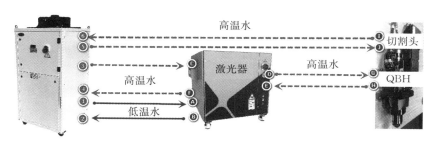

图 5.10 水路系统连接方式三

（4）连接方式四

如图 5.11 所示，冷水机四个水管接口：1、2、3、4。激光器六个水管接口：A、B、C、D、E、F。水路连接的方式为：

低温水系统：1→A→光模块→B→2。

高温水系统：3→C→电源水冷板→D→G→QBH→H→E→流量计→F→4。

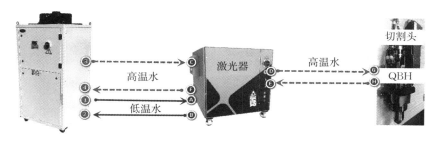

图 5.11 水路系统连接方式四

尽管光纤激光切割机的水路系统有不同的连接方式，但是其目的都是带走其负责的冷却部位的热量，保证其正常工作。同时又不会使被冷却的部位因温度过低而结露。

注意：水箱内注入蒸馏水至液面距离水箱上沿 5～10 cm 即止；冷水机的水泵不能无水空转，使用时需要将水泵中的空气排出。

2）水泵的排空方法

如图 5.12 所示，对于卧式水泵，因为水箱液位比排空口高，加水后只需拧松排空螺堵，看到有稳

图 5.12 卧式水泵（左）和立式水泵（右）

定的水流出即可将排空螺堵拧紧了。对于立式水泵，因为水箱的液位比排空口低，加水后先拧松排空螺堵，再启动冷水机，让水泵工作，水泵工作后就可以将水泵的空气排出，排空口有稳定的水流出即可拧紧排空螺堵了。

任务 4　光路系统

如图 5.13 所示，光纤激光切割机的光路系统由光纤激光器、传输光纤和切割头组成。

光纤激光器提供激光光源，传输光纤负责将激光从激光器柔性传输到切割头，切割头则负责对激光进行聚焦扩束后将激光输出到被加工的板材上。

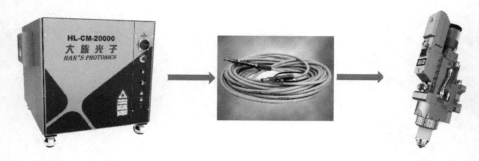

图 5.13　光纤激光切割机的光路系统

如图 5.14 所示，光纤激光器和光纤是一体的，其内部光路结构为半导体激光器泵浦源（简称"LD"）、泵浦合束器、光栅、增益光纤、光栅、传输光纤、QBH。由泵浦源发出的泵浦光通过光栅入射到增益介质中，由于增益介质为掺稀土元素光纤，因此泵浦光被吸收，吸收了光子能量的稀土离子发生能级跃迁并实现粒子数反转，反转后的粒子经过谐振腔，由激发态跃迁回基态，释放能量，并形成稳定的激光输出。

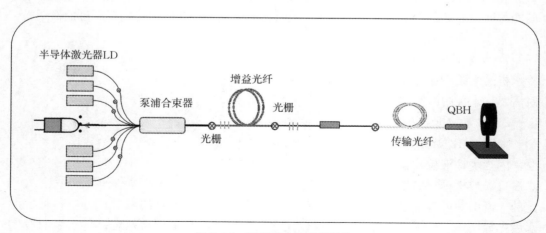

图 5.14　激光器内部光路结构

（1）半导体激光器

如图 5.15 所示，半导体激光器常见的是带尾纤的，其直接通过光纤耦合器耦合进光纤。目前，光纤激光器主要用半导体激光器作为泵浦源。掺铒光纤激光器是光纤激光器的一种，主要用 980 nm 或者 1 480 nm 的 LD 作为泵浦源，而光纤激光器的另一种掺镱光纤激光器，主要用 915 nm 或者 976 nm 的 LD 作为泵浦源。

半导体激光器 LD 的优点：

①结构体积小，结构紧凑，整体性强，密封性能好，一般具有防震的特点；工作稳定，操作简单，维修方便，成本低。采用适当的工艺，还可以耐高温、耐寒、耐水。半导体泵浦激光器在许多场合（如航空、航天、船舶、工业场所等）都有重要的应用。

②总转化率高，加热小，热响应小。这将提高激光输出光束的质量和输出稳定性。

③寿命长，转换率高。

（2）泵浦合束器

泵浦合束器主要将多路泵浦光合束到一根光纤中输出，主要用来提高泵浦功率（也称多模-多模光纤合束器）。泵浦合束器的内部结构一般为全光纤结构，光纤之间一般采用直接熔接的方式结合。泵浦合束器的集成度较高，稳定性较好，可承受功率和亲合效率也比较高。随着光纤激光器的全光纤化发展，泵浦合束器已作为泵浦耦合的最主要手段应用于各类光纤激光器中。

（3）增益光纤

如图 5.16 所示，增益光纤为掺稀土元素光纤。在增益光纤内泵浦光被稀土离子吸收，吸收了光子能量的稀土离子发生能级跃迁并实现粒子数反转，反转后的粒子经过谐振腔，由激发态跃迁回基态，释放能量，并形成稳定的激光输出。光纤激光器常用的两种增益光纤为掺磷酸盐增益光纤和掺铝酸盐增益光纤，其中掺磷酸盐增益光纤无光子暗化效应造成的功率衰减，满功率波动小于±1%。

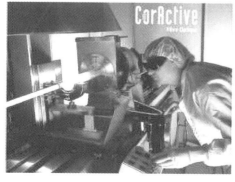

图 5.15 半导体激光器 LD

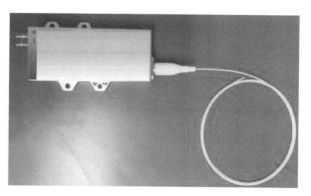

图 5.16 增益光纤

（4）传输光纤

如图 5.17 所示，传输光纤和增益光纤不同。传输光纤位于激光器外部，不可以对激光进行放大，仅用于激光传输。传输光纤一般有四层：纤芯、包层、涂覆层和光纤套管。在这四层之外，我们可以看到黄色的传输光纤的铠甲。铠甲里是受保护的光纤和两根铜线，铜线负责连接 QBH 的两个铜环。QBH 未连接成功，则激光器无法出光。

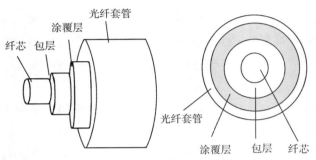

图 5.17　传输光纤的结构

（5）QBH

如图 5.18 所示，QBH 是一种光纤输出器件，是光纤熔接石英柱再加上机械件封装，对光纤光斑扩束输出，降低功率密度的一个器件。

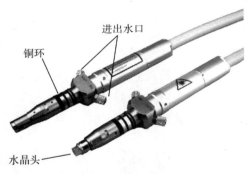

图 5.18　QBH 结构

如图 5.19 所示，激光从 QBH 出来就进入了切割头，切割头内部一般有三组镜片，从 QBH 往下分别为扩束镜、聚焦镜、下保护镜。对于高功率的切割头，一般还会配有扩束上保护镜和聚焦下保护镜片。扩束镜负责将发散的激光变为平行光，聚焦镜组负责对平行的激光进行聚焦，从而用于材料的加工。

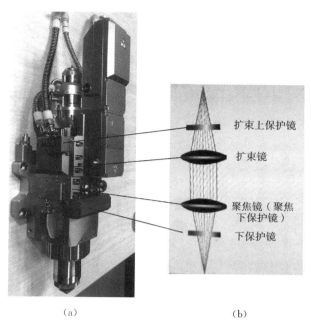

扩束上保护镜

扩束镜

聚焦镜（聚焦
下保护镜）

下保护镜

（a）　　　　　　　　　　（b）

图 5.19　切割头镜组分布

任务 5　气路系统

光纤激光切割机的气路系统按照空间结构可以分为外部气源、机床内部气路、尾气处理装置三部分，如表 5.3 所示。

表 5.3　光纤激光切割机的气路系统结构组成

外部气源	空气：空压机、冷冻式干燥机、吸附式干燥机、储气罐等； 氧气：氧气气瓶、储气罐、杜瓦罐、汽化器等； 氮气：氮气气瓶、储气罐、杜瓦罐、汽化器等； 混合气：制氮机等
机床内部气路	切割气体：减压阀、比例阀、切割头； 工作气体：减压阀、气缸等
尾气处理装置	除尘器、风机等

（1）外部气源

外部气源主要给光纤激光切割机提供切割用的辅助气体和机床工作用气。其中切割用的辅助气体直接接入机床，而机床的工作用气是通过空压机压缩再经过一系列过滤及除水除油处理再进入机床的。

切割用的辅助气体主要是氧气和氮气，在某些情景下也会用到高压空气。切割用的氮气的纯度要达到99.999％，压力要达到2.5 MPa；氧气纯度要达到99.95％，压力要达到0.7 MPa；切割用的空气要为无水无油的高压空气，其固体颗粒物含量应小于0.1 mg/m³，油含量应小于0.01 mg/m³，露点为—40 ℃左右。

氧气和氮气的气源一般有四种方式：

①瓶装气。压力能得到良好的保证，但是成本高，使用时间短，需要频繁换气。

②杜瓦罐。换气方便，使用时间较长，适合持续长时间加工，而且成本较低（必须使用高压杜瓦罐，汽化器供气量一般不小于100 m³/h）。

③快易冷。非常适合激光切割，建议采用（长三角、珠三角、京津唐等经济发达地区才有供应）。

④储气罐。使用成本非常低、持续使用时间长、压力稳定度好，但是一次性投资大，两台以上机器且同时大量使用氮气作为辅助加工气体的时候建议使用。

图5.20为高压空气处理系统的组成示意图。激光切割选用高压空气作为气源需要准备一套高压空气处理系统。

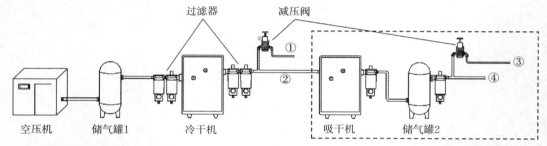

①—空气切割用气；②—除尘器反吹清灰、机床的工作台夹紧气缸动作、抽风区气缸动作及切割头陶瓷环侧供气；③—空气切割用气；④—机床的工作台夹紧气缸动作、抽风风区气缸动作及切割头陶瓷环侧吹用气。

图5.20 高压空气处理系统

高压空气处理系统中的前两级过滤器主要用于过滤空气中的固体颗粒物和空气中的水；冷干机用于去除压缩空气中的水，将压缩空气的露点降低到3～10 ℃；处于冷干机后方的两级过滤器为比前两级过滤器更精密的过滤器，负责将空气的固体颗粒物含量降低到0.1 mg/m³；吸干机可以将空气的露点降低到—40 ℃；吸干机后的过滤器负责过滤吸干机出来的气体中的颗粒物，因为吸干机内部是一些氧化铝或其他的吸附剂，若吸附剂飘出来进入气体管路会污染管路并影响切割质量，甚至损伤保护镜片；两个储气罐的作用是用来储存压缩的空气，起到稳定气压及流量的作用。

空气处理系统的标准处理流程为：经过空压机压缩的空气存入储气罐，在需要用气时，压缩空气经过两级过滤粗略去除大的颗粒物之后进入冷干机。压缩空气经过冷干机的去水、去油处理后，再经过两级高精度过滤，可直接进入机床，供机床工作和少量的金属切割使用。

在高功率激光切割大批量空气切割场景下，会对压缩空气的水和油有更高的质量要求，如更小的固体颗粒物、含油量及更低的露点，所以压缩空气在经冷干机处理之后，还会经过吸附式干燥机，这样压缩空气的露点降至更低（露点一般为 -40 ℃）。经吸附式干燥机干燥后的气体会存入储气罐。储气罐的目的是保证切割时气压的稳定性，储气罐内的气体经过一级高精度过滤器后直接进入机床。

高压空气处理系统对空压机的安装及选型有 3 个要求：

第一，无油的环境。过滤器、冷干机、吸干机都没有去油的能力，如果空压机所处的环境本身空气不够清洁，那么空压机压缩的空气也会包含这些空气中的水、油及固体颗粒物。切割使用的压缩空气含油量过高会影响保护镜片的使用寿命。

第二，足够的散热空间。空压机在安装时需要预留足够的散热空间，散热不良会造成空压机因为高温停机，同时高温也会影响空压机的使用寿命。

第三，充足的气体流量。空压机的流量要满足设备的使用需求，不仅是压缩空气的压力需要达到光纤激光切割机切割需要的压力要求，泵气的流量也要略高于切割用气的使用需求。如果空压机的流量刚好等于激光切割的用气量，空压机就会一直处于泵气状态，这也会影响空压机的使用寿命。在空压机选型时不仅要考虑切割用气量，还要考虑吸附式干燥机等设备工作的耗气量，一般情况下，吸干机的耗气量小于其自身处理能力的 15%。

（2）机床内部气路

如图 5.21 所示，进入机床的气体有低压空气①或③、高压空气②或④、氮气、氧气。而机床内有三条气体管路：低压气路Ⅰ、高压气路Ⅱ、低压气路Ⅲ。

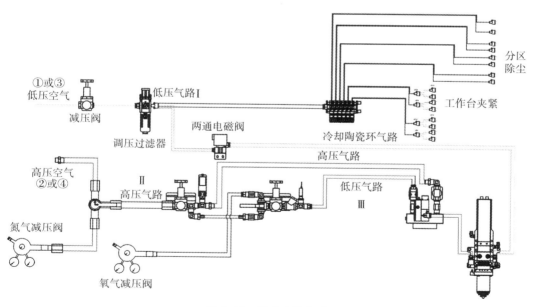

图 5.21　机床内部气路

低压气路Ⅰ的管路内为压力小于 0.8 MPa 的低压空气，主要为机床工作台夹紧及风区抽风的气缸提供动力，此外冷却切割头传感器及陶瓷环的侧吹气体也是走此低压管路。

高压气路Ⅱ的管路内为压力小于 2.5 MPa 的高压气体，一般高压气体为高压氮气，如果需要接入高压氧气或高压空气，就需要将氮气管拆下切换为其他气源。

有时光纤激光切割机同时使用高压氮气切割和高压空气切割时，需用到如图 5.22 所示的高压氮气、高压空气切换阀。图 5.22（a）为选择通入机床的为高压空气，图 5.22（b）为选择通入机床的为高压氮气。

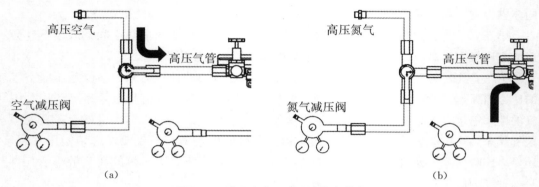

图 5.22 高压氮气、高压空气切换阀

（3）尾气处理装置

如图 5.23 所示，光纤激光切割机在切割过程中会产生大量的切割废气，废气一方面会损害操作人员的身体健康，另一方面会使设备运行环境的质量变差，即切割产生的粉尘也可能会充斥整个机床的内部，造成电路短路及镜片污染。机床切割时废气的处理能力与抽风的吸力正相关，但是机床幅面太大会造成抽风效果不理想，因此机床本身采取分区抽风，即切割头在哪一个区域切割，对应风区的吸气口就打开，其他的则关闭以确保抽风效果良好。风机和除尘器通过风管和机床连接。

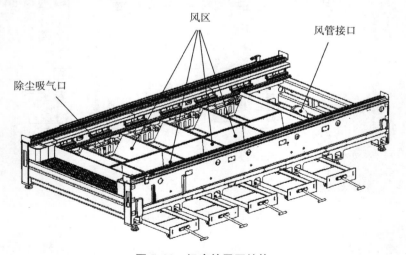

图 5.23 机床的风区结构

如图 5.24 和 5.25 所示，机床的尾气处理装置为除尘器或风机。风机将切割产生的废气收集并排除到室外，除尘器将切割产生的废气收集并进行集尘处理后再排放至室外。相对来说，除尘器对激光切割尾气处理的方式更加环保。除尘器的结构相对风机来说更加复杂——烟尘通过风机产生的负压气流经管道和风室进入净化室，被滤芯阻拦在其表面上。当被阻拦的烟尘在滤芯表面不断沉积时，控制压缩空气的电磁阀则定时打开（其喷吹时间和喷吹间隔是由微电脑顺序控制仪来完成的）。此时，无油无水的压缩空气（进气管道部位需安装油水分离器）经管道流入反吹清扫系统，通过清扫机构的清扫管瞬间喷向滤芯内表面，将沉积在滤芯上的粉尘颗粒冲离滤芯表面后落入灰斗，使得整个滤芯表面都得到循环清扫（清扫系统也可通过手动控制）。净化后的空气经风道由风机排出。

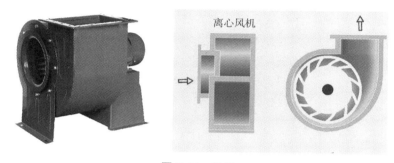

图 5.24　风机

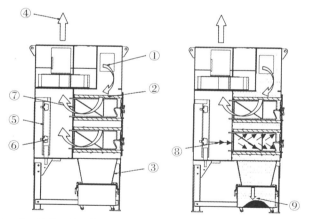

①—进气口；②—滤芯；③—灰斗；④—出气口；⑤—气包；⑥—膜片阀；⑦—花板；⑧—反吹压缩空气；⑨—粉尘落下。

图 5.25　除尘器

课后习题与自测训练

一、判断题

1. 光纤激光切割机在安装时需要进行独立接地，且接地电阻＜4 Ω。（　　）
2. 冷水机负责冷却激光器、QBH 和切割头。（　　）
3. 空压机压缩过的空气可以直接通入机床。（　　）
4. 冷水机在进行第一次注水工作时要进行水泵排空。（　　）
5. 冷干机接电要求为 220 V 的交流电。（　　）

二、单选题

1. 辅助设备在接电时哪些设备需要考虑相序的要求？（　　）

A. 空压机　　　　　　B. 冷水机　　　　　　C. 除尘器（风机）　　D. 以上都要

2. 以下哪些设备不接稳压器？（　　）

A. 冷水机　　　　　　B. 激光器　　　　　　C. 电控柜　　　　　　D. 都接稳压器

3. 根据空压机和冷干机的作用，判断空压机和冷干机的开机顺序为（　　）。

A. 先开空压机再开冷干机　　　　　　B. 先开冷干机再开空压机

C. 不分先后

4. 哪些不是切割头内部的镜片？（　　）

A. 保护镜　　　　　　B. 聚焦镜　　　　　　C. 扩束镜　　　　　　D. 反射镜

5. 冷水机和激光器在开机时的开机顺序为（　　）。

A. 先开冷水机再开激光器　　　　　　B. 先开激光器再开冷水机

C. 不分先后

三、简答题

1. 光纤激光切割机由哪些设备组成？它们分别起到什么作用？
2. 氧气和氮气的气源一般有几种储存方式？它们分别是什么？

第三部分

激光切割设备的操作规范

项目 6

人机交互界面核心功能

📖 项目描述

激光切割机的操作主要通过人机交互界面来实现。人机交互界面主要由主操作面板、系统界面和工作台控制面板三部分组成（部分设备还会配置有手持盒）。光纤激光切割机有不同的品牌和系统，每一种设备的外观及人机界面都会有所区别，但是操作系统都大同小异。

随着激光切割机的发展，机床上也开始有了一些方便在生产时编程的在线计算机辅助制造（computer aided manufacturing，CAM）软件。机床上的在线 CAM 软件的操作和离线 CAM 软件（编程电脑）的操作功能一致，使用机床上的在线 CAM 软件编辑的程序可以直接切割使用。

本项目以大族激光 LION 3015 和 G8020HF 两款光纤激光切割机为例，旨在通过对其设备界面的介绍，使学生了解和掌握一台完整的光纤激光切割机人机界面的功能模块、功能按钮；同时通过介绍 CAM 软件，使学生能对其进行操作。

任务 1　LION 3015 设备界面

LION 3015 设备搭载的是 HAN'S 401 数控系统。HAN'S 401 数控系统是深圳大族智能控制科技有限公司完全自主研发的高性能激光切割数控系统，是最典型的纯软件数控系统，为用户提供了灵活的机床参数设置机制、PLC 编程、逻辑分析仪（用来反映系统运行时实时位置、速度、加速度曲线等）强大功能。该系统拥有先进的架构、稳定的性能、高度的开放性，因此始终代表着开放式数控系统的最高水平。

1）操作面板

（1）主操作面板功能

机台控制主操作面板主要完成机台的上电和断电、启动和停止、轴移动及与激光切割相关的一些控制操作等，其组成框架如图 6.1 所示。主操作面板的按键功能说明如下。

①POWER 下的绿色按钮：机床控制的上电按钮。

②POWER 下的红色按钮：机床控制的断电按钮。

③NC START（绿色按钮）：自动模式下 NC 数字控制程序的启动按钮。

④NC STOP（黄色按钮）：自动模式下 NC 数字控制程序的暂停按钮。

⑤USB（接口）：机床控制系统转接过来供插 U 盘类传数据用。

⑥E STOP（大红色按钮，面板上未标注）：机床控制的紧急停止按钮。

图 6.1　机台控制主操作面板

（2）工作台面板功能

工作台面板主要控制工作台的交换，以及配合上下料的使用，其组成框架如图 6.2 所示。工作台操作面板的按钮功能说明如下。

①Table CONT：工作台交换连续模式，此模式下工作台可以在按下相应按钮后连续运行。

②Table JOG：工作台交换动模式，此模式下工作台只有在长按相应按钮时才会运行。

③Table Reset：复位按钮，点击此按钮会复位数控系统的手动界面内的工作台激活按钮。

④Table UP、Table DOWN：工作台上升、下降按钮，对升降式工作台有效。

⑤Table IN：上层工作台前进按钮。

⑥Table OUT：上层工作台退出按钮。

⑦K4：安全按钮，平台的所有运动需要激活此按钮才能进行运动。

⑧Table STOP：工作台动作停止按钮。

⑨Table alarm：机床报警指示灯。

⑩急停按钮（大红色按钮）：当机床出现工作异常时的紧急停止按钮。

2）手动界面

手动界面主要用于切割头的手动移动及查看切割头各轴信息。手动界面主要包括五大区域，如图 6.3 所示：区域 1 为机床各轴状态及切割头位置显示区域，区域 2 为速度倍率控制区域，区域 3 为机床报警及提示信息显示区域，区域 4 为工作台交换及碰撞报警开关控制区域，区域 5 为手动切割头移动控制区域。

图 6.2　工作台面板示意图

图 6.3　手动界面示意图

（1）机床各轴状态及切割头位置显示区域

该区域显示切割头所处机床坐标系的位置、编程位置、各个轴的滞后值及扭矩。其中 X 轴、Y 轴、Z 轴是机床坐标轴的三个方向；X 轴和 V 轴是同步轴，共同控制切割头 X 轴方向的移动；W 轴是切割头内调焦电机控制的调焦轴。

（2）速度倍率控制区域

该区域的表盘显示当前速度的倍率，倍率范围为 $0\% \sim 120\%$。表盘右边还可以显示切割时的实际速度及预设速度。表盘下方的倍率条可以左右拖动来调节速度倍率。

（3）机床报警及提示信息显示区域

该区域的中间矩形框位置用于显示机床的报警信息及提示信息，右侧三个圆形图标位置显示机床的使能状态。使能状态的图标信息如表 6.1 所示。

表 6.1　机床使能状态的图标信息

示意图标	CNC 运行状态	示意图标	操作模式
EMG	急停	✛	手动连续
	机床准备好		手动增量
✓	机床运行	AUTO	自动连续

续表

示意图标	CNC 运行状态	示意图标	操作模式
 STOP	机床停止	 AUTO	自动单段
 SPEED	无法进给使能		回原点
 EN（绿）	电机使能	 MDI	MDI 模式
 EN（红）	电机未使能		

（4）工作台交换及碰撞报警开关控制区域

该区域有两个按钮，一个是"工作台"按钮，一个是"碰撞报警"按钮。在交换工作台时需要激活"工作台"交换的按钮。"碰撞报警"激活时切割头碰撞会报警，关闭"碰撞报警"之后切割头碰撞不会报警。

（5）手动切割头移动控制区域

如图 6.4 所示，该区域有如下功能。

①"$X+$""$Y+$""$X-$""$Y-$"四个按钮：分别负责控制切割头沿 X 轴、Y 轴的正负方向移动。

②方向键中间的"0"：速度倍率的快捷设置按钮。

③右侧的"Z"按钮：可以选择需要移动的坐标轴。

④"$+$"和"$-$"：控制切割头图示"Z"按钮处设置的轴方向的正负移动。

⑤"工件原点"按钮下边有个三角形，其中下拉的每一个按钮都代表一个坐标或坐标系。

⑥标记：当图示"工件原点"位置切换为标记点时，点击"标记"可以将当前切割头坐标记录为当前的"标记点"。

⑦返回标记：可以让切割头快速返回至图示"工件原点"处当前的"标记点"。

⑧打开：控制增量模式和连续模式的切换。

⑨引导激光：控制引导激光（也就是红光）的开启和关闭。

图 6.4　各运动轴点动区域图

3）生产界面

图 6.5 所示为生产界面。生产界面一般在工件自动加工时使用，在该界面上，可以进行与工件加工程序有关的各种运行方式的选择。生产界面是 CNC 中最重要的部分，整个加工任务 80％的操作都要在该界面完成。生产界面还分为当前程序、准备程序、生产计划、机床设置、机床状态五个子界面。

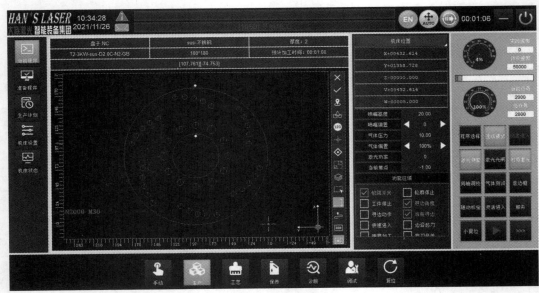

图 6.5　生产界面

（1）当前程序子界面

①加工信息显示区域。如图 6.6 所示，当前程序子界面顶部显示的是加工信息，即当前加载的 NC 程序的名称、材质、厚度（mm）、调用的工艺参数文件名称、板材

大小（mm）、预计加工时间（编程软件预估）、鼠标位置这些加工信息。

盘子.NC	sus-不锈钢	厚度：2
T2-3KW-sus-D2.0C-N2-GB	180*180	预计加工时间：00:01:00
[107.761][-74.753]		

图 6.6　当前程序子界面——加工信息显示区域

②NC 程序加工路径图形显示区域。如图 6.7 所示，加工信息显示区域下方为 NC 程序加工路径图形显示区域。该区域可以显示零件加工的实时轨迹，其中绿色线条为 NC 程序轨迹预览，红色线条为机床实时运行轨迹跟踪，图形轨迹下方的 NC 程序为正在运行的 NC 程序段。该区域右侧是关于该界面调整的相关按钮，其中最下方的"NC"按钮可以控制程序段的隐藏/显示。

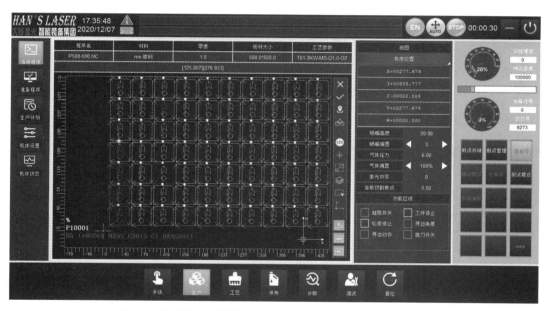

图 6.7　当前程序子界面——NC 程序加工路径图形显示区域

③加工信息及功能选择区域。图 6.8 为 NC 程序加工路径图形显示区域右侧的加工信息及功能选择区域。激光切割机在激光加工时需要用到的功能都在该区域。该区域显示切割头所处的机床位置、切割头随动高度、气压、激光功率、焦点位置、速度倍率等信息，还可以控制蛙跳、工件停止、轮廓停止、寻边角度、寻边动作、接刀开关等功能的开启和关闭。除了这些功能外，该子界面最常用的功能还有程序选择、同轴调校、气体测试、走边框、随动标定、灵活进入等。

（2）准备程序子界面

图 6.9 为设备的准备程序子界面。准备程序子界面是以代码的形式显示当前的程序。在该界面，可以查看程序代码并对程序代码进行手动修改、保存、加载、重新编号、另存为等操作。

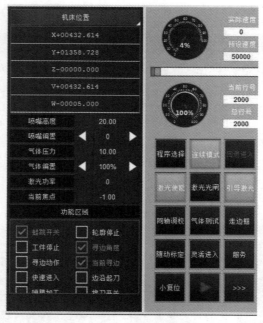

图 6.8　当前程序子界面——加工信息及功能选择区域

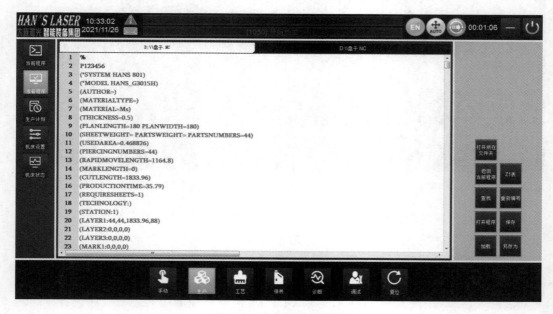

图 6.9　准备程序子界面

（3）生产计划子界面

图 6.10 为生产计划子界面。该界面主要用于制订生产计划。该界面可以添加生产任务，编辑需要加工任务的相关信息及设置，如加工状态、NC 程序、材质厚度、板材大小、工艺文件、完成/需求数量等。

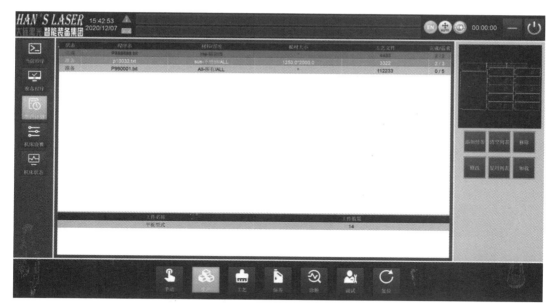

图 6.10　生产计划子界面

（4）机床设置子界面

图 6.11 为机床设置子界面。该界面可以控制寻边角度、寻边动作、寻边方式、二次寻边、实时标定、零点标定等功能的开关，还可以进行自动寻边、全局工艺、自动标定、调焦、Y 轴方向避齿使能、润滑、激光器、抽风、服务位置等相关参数的设置。

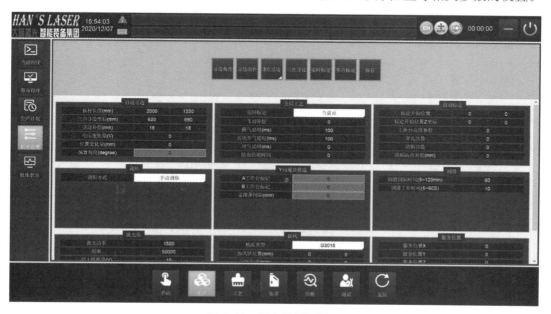

图 6.11　机床设置子界面

（5）机床状态子界面

图 6.12 为机床状态子界面。该界面可以控制碰撞报警、工作台报警、安全门报警、抽风、照明等功能的开关，还可以显示激光器、切割头及其他机床位置参数。

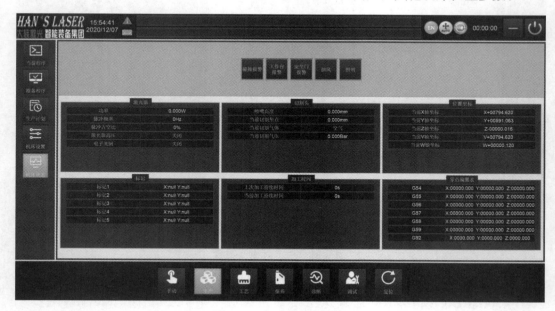

图 6.12　机床状态子界面

4）工艺界面

（1）激光工艺子界面

图 6.13 为工艺界面的激光工艺子界面。该界面可以进行激光切割需要用到的工艺参数的选择，还可以对工艺参数进行编辑、保存、应用、另存为等操作。

（2）CAM 子界面

图 6.14 为工艺界面的 CAM 子界面。CAM 子界面是一款嵌入的在线 CAM 编程软件。使用在线 CAM 软件可以在机床上面进行简单的工件编程，以及对当前调用的切割程序进行路径编辑优化。在线 CAM 软件分为文件导入区域、绘图功能区域、程序处理区域、程序生成排序区域、功能性区域、生成 NC 及模拟区域、分层处理及显示区域（软件操作不作为本教材主要内容讲解）。

5）保养界面

图 6.15 为保养界面。保养界面记录有各个保养单元的保养进度信息。为了保证加工安全，延长机床使用寿命，保持机床长期加工精度，规范的保养维护机制不可或缺。为此，该数控系统针对机床各个单元的维护要求开发了保养提醒和维护记录模块。保养点分为主机维保单元、光源光路系统维保单元和周边辅机及集成系统维保单元三个维保单元。每一个维保单元又分为三级保养项目。该界面可以显示对应项目的保养周期、使用时间及保养进度。

图 6.13　工艺界面——激光工艺子界面

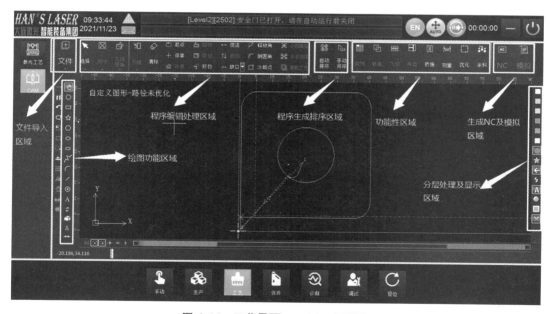

图 6.14　工艺界面——CAM 子界面

　　如图 6.16 所示，当进度信息达到 100% 时，就需要对其对应的保养单元进行保养。首先点击对应的保养项目，然后点击查看具体需要保养的信息，保养完成后点击"确定"就会对该保养单元的保养进度进行复位，即保养进度就会从零开始。一级、二级保养设备操作人员都有权限进行复位操作，三级保养需要专业的售后服务工程师来进行。维护记录部分主要是由厂家技术支持工程师对机床故障以及故障处理办法进行的

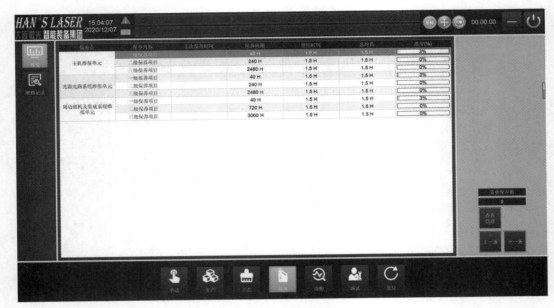

图 6.15　保养界面

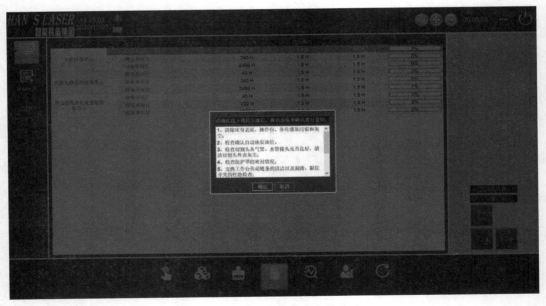

图 6.16　保养界面——保养确认

相关记录。

6）诊断界面

如图 6.17 所示为系统的诊断界面。该界面包含了可以用于判断机床故障原因的所有信息模块，包含当前报警信息、历史报警信息、系统信息、IO 端口。界面最上方的报警信息提示框一般只能显示一条报警信息，如果想看到更多的信息，可以直接点击报警信息或者点击主任务栏中的诊断按钮就可以直接跳转到诊断界面。

图 6.17　诊断界面

（1）诊断界面——信息子界面

如图 6.18 所示，诊断界面的信息子界面记录了机床使用过程中的开启、报警、故障、关闭等历史记录信息，它对于诊断 CNC 故障具有不可替代的作用。

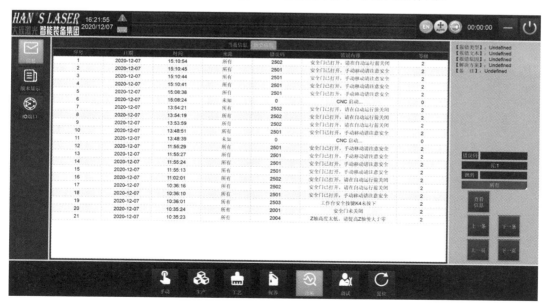

图 6.18　诊断界面——信息子界面

（2）诊断界面——版本显示子界面

如图 6.19 所示，版本显示子界面显示当前设备的版本信息。

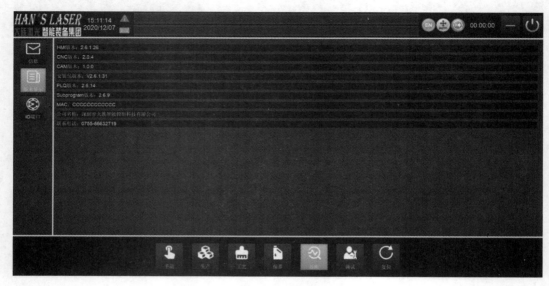

图 6.19　诊断界面——版本显示子界面

（3）诊断界面——IO 端口子界面

如图 6.20 所示，IO 端口子界面主要用于显示 IO 端口的状态。该界面可以帮助工程师判断信号点位信息的问题。

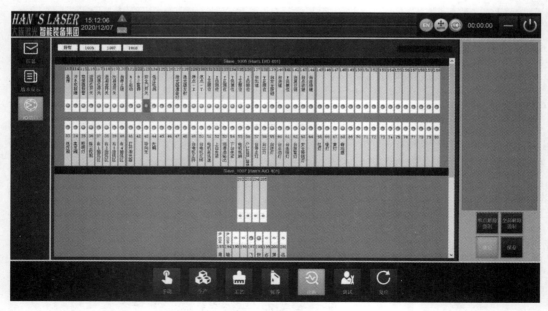

图 6.20　诊断界面——IO 端口子界面

任务 2　G8020HF **设备界面**

G8020HF 设备搭载的是 HAN'S 901 数控系统。HAN'S 901 数控系统是大族激光结合激光加工领域十多年的行业领先经验,基于全球十大数控系统——博世力士乐 MTX 而二次开发的高端数控系统。该系统的特点:数控系统与驱动器通过 SERCOS3 总线控制,高效可靠;驱动器响应时间为 0.25 ms;数控系统的所有内部数据都存储在数控系统 CF 卡上,通过 OPC 通信和 HMI 界面进行交互,避免系统数据的损坏和丢失;CNC 循环时间低至 0.5 ms,可实现高速加工;拥有最小的 PLC 处理时间和优秀的控制算法;拥有 0.5 ms 的插补周期,可提高加工效率。

HF 系列数控激光切割机的操作面板主要由带彩色显示器的控制板、机台控制主操作面板及副控工作台操作面板组成。

1) 操作面板

(1) 主操作面板功能

机台控制主操作面板主要完成机床的上电和断电、切割启动和暂停、轴移动、工作台交换等与激光切割相关的一些控制操作等,其组成框架如图 6.21 所示。主操作面板的按键功能说明如下。

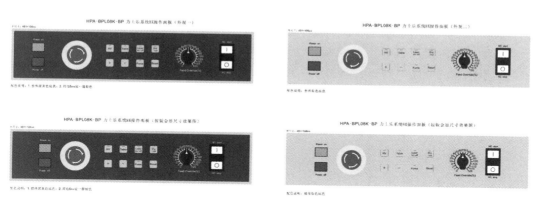

图 6.21　机台控制主操作面板

①急停开关(大红色按钮):机床控制的紧急停止按钮。以下几种情况需要按下这个按钮:第一,机床在运行中出现危险情况需要立即停止运行时;第二,机床运行完毕后,在关闭系统之前;第三,当修改完机床参数后,在保存之前。

②Power on(绿色按钮):机床控制的上电按钮。当控制柜的电源开关旋钮拨至 ON 时,点击操作面板上的“Power on”按钮,绿色电源开关指示灯亮,设备上电成功,等待系统开启。

③Power off(红色按钮):机床控制的断电按钮。该按钮仅在急停开关按下时才

生效。

④NC start：NC 数字控制程序的启动按钮。在自动模式（AUTO）下通过操作此按钮来启动所选择的数控程序并逐步处理。在 MDI 模式下第一次按此键，NC 程序段进入存储器；第二次按此键，此 NC 程序段执行。

⑤NC stop：NC 数字控制程序的暂停按钮。当机床在运行程序过程中，按下"NC stop"按钮，程序将停止运行，激光电子光闸、切割焊接气体按一定的时序暂时停止。可通过操作启动按钮解除进给暂停。只要进给暂停存在，机床就不可能运动。

⑥正向移动按钮"＋"和负向移动按钮"—"：用来控制切割头朝机床操作界面上设定的轴的正向、负向移动。要移动各轴的操作方法可以有以下两种：按下"调试"按钮进入手动界面，选择轴运行功能；选择手持盒按钮中手动按钮，按下倍率按钮的同时按下需要移动轴的方向按钮，即可直接移动轴。

⑦Fume：用来远程控制除尘器或风机打开/关闭抽风系统马达，生效后指示灯亮，HMI 界面中除尘风机指示灯亮，机床抽风系统启动。

⑧Table：工作台交换的使能按钮。只有在该按钮激活的情况下才可以进行工作台的交换。

⑨HV：高压指示按钮。在激光器开启后没有报警的情况下按此按钮，指示灯会闪烁几下然后常亮，表示激光器高压启动完毕，激光器已上使能。

⑩Laser ON/OFF：用于手动开/关激光红光指示。此按钮灯亮，表示激光器引导激光开；此按钮灯灭，表示激光器引导激光关。

⑪Dry cut：用来选择机床的工作方式。指示灯亮，表示机床处于切割状态，在这种状态下，机床可以打开电子光闸、辅助气体等；再按一下此按钮，指示灯灭，表示机床处于空运行状态，在这种状态下，机床不能打开电子光闸、辅助气体等。

⑫Reset：机床的大复位按钮。当机床本身或者外围辅助设备有故障时，报警指示灯闪烁，同时在 HMI 界面下方的消息提示框显示相关报警信息。根据所提示的报警信息处理故障完毕后，按此按钮或者屏幕界面的"Reset"复位按钮将清除报警信号。

⑬Feed Override：速度倍率开关。用来控制机床进给速度的百分比（％）。

（2）工作台面板功能

图 6.22 为工作台交换操作面板，工作台面板主要是控制工作台进入以及配合上下料使用，它的优先级低于主操作面板机床前端主操作面板。工作台操作面板的按钮功能说明如下。

①JOG：工作台交换点动模式开关按钮，按钮灯亮代表工作台点动方式激活。

②CONT：工作台交换连续模式开关按钮，按钮灯亮代表工作台连动方式激活。

③"←""→"：上层工作台进入、退出按钮。

图 6.22　工作台面板

④ "↑""↓"：工作台上升、下降按钮。

⑤STOP：工作台移动停止按钮。

⑥RESET：复位按钮，可以用来复位机床报警。

⑦TABLE-ALARM：报警指示灯。此键灯亮时，表示机床当前存在报警，不能移动工作台。

⑧SAFE BUTTON：工作台交换的安全按钮。该按钮灯在常规情况下一直处于闪烁状态，表示工作台不可交换。当操作人员对外部工作台进行上下料操作后，灯处于常亮状态，表示上下料已完成，外部工作台处于待交换状态（注意：安全按钮灯常亮时，操作人员不可继续对外部工作台进行上下料操作）。

2）HMI 界面

CNC 显示操作单元包括 HAN'S CNC 的 HMI 人机界面（触摸屏）、主操作面板、工作台面板和鼠标及键盘。

当操作人员打开机床电脑的 HAN'S CNC 软件之后，用户可以看到如图 6.23 所示的 HMI 界面。首页的 HMI 界面主要包括主任务栏、次任务栏、三级任务栏、报警信息显示、CNC 运行状态显示、机床及其 NC 信息显示等几个功能操作和信息显示模块。整个界面中除了布局图中的①、⑮模块外，其他模块都会因为操作模式和操作任务的改变而发生变化，因此布局图中的①、⑮模块被视为整个操作界面的公共模块。各模块介绍如下。

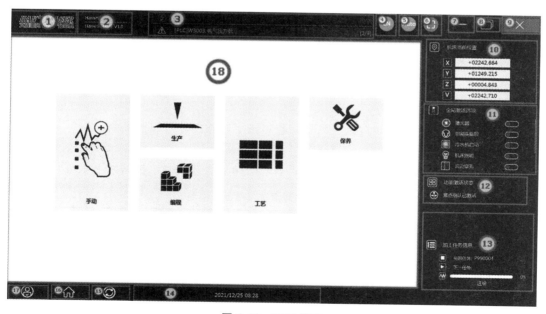

图 6.23　HMI 界面

模块①：大族激光智能装备集团标识。

模块②：HMI 版本信息。

模块③：故障信息显示栏。其中故障信息分为两类：一类是警告或提示（驱动器不掉使能，状态无变化），一类是报警（驱动器处于掉使能状态）。用户可通过查看故障内容、原因及措施等方式解决故障，也可以直接联系相关技术支持进行处理。

模块④：驱动器使能状态图标，以图标示意的模式显示当前驱动器上使能状态。显示绿色则为正常状态；显示红色表示驱动器未上使能，机床无法动作。

模块⑤：操作模式图标，以图标示意的模式显示当前 CNC 的操作模式。表 6.2 为 CNC 操作模式与其示意图标的对应关系。

表 6.2　CNC 操作模式与其示意图标的对应关系

操作模式	手动模式	自动模式	MDI 模式	手轮模式	单段模式	连续模式	增量模式
示意图标	🖐	Auto	MDI	◉	⏩	➡	⏵

模块⑥：CNC 运行状态图标，以图标示意的模式显示当前 CNC 的运行状态。表 6.3 为 CNC 运行状态与其示意图标对应关系。

表 6.3　CNC 运行状态与其示意图标对应关系

CNC 运行状态	机床急停	机床就绪	机床运行	机床停止
示意图标	⚡	⌗	✓	Stop

模块⑦：切换最小化图标按钮。

模块⑧：缩小界面按钮。

模块⑨：软件界面关闭按钮，只有在急停按下时软件才可以被关闭。

模块⑩：机床当前的位置信息显示。

模块⑪：全局激活选项，如表 6.4 所示，全局激活选项可以控制以下状态开关。

表 6.4　全局激活选项图标及说明

示意图标	说　明
激光器	点击图标右侧按钮，自动打开激光器监控软件
切割头监控	点击图标右侧按钮，切换到切割头监控参数显示画面

续表

示意图标	说　明
 冷水机启动	在确保冷水机无报警的前提下，点击图标右侧按钮，冷水机正常打开
 机床照明	点击图标右侧按钮，机床内照明灯打开
 共边穿孔	点击图标右侧按钮，共边穿孔功能激活
 工作台报警	点击图标右侧按钮，工作台报警打开（P197＝1），工作台可自动交换
 调焦报警	点击图标右侧按钮，调焦报警打开（P79＝1），切割头报警使能
 高度传感器报警	点击图标右侧按钮，高度传感器被激活

模块⑫：功能激活状态显示栏，显示当前已激活的功能。

模块⑬：加工任务信息显示栏，显示当前任务、下一任务和进给速度。

模块⑭：系统时间。

模块⑮：大复位按钮。

模块⑯：主任务栏快捷键按钮，表 6.5 为主任务栏快捷键按钮说明。

表 6.5　主任务栏快捷键按钮说明

示意图标	说　明
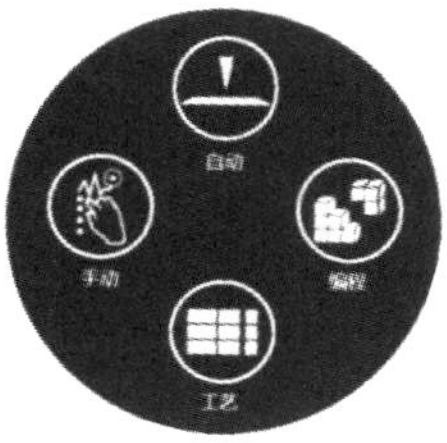 自动　手动　编程　工艺	单击 🏠 按钮显示

续表

示意图标	说　明
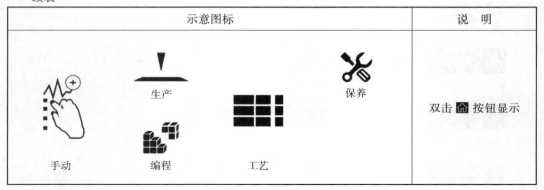	双击 🏠 按钮显示

模块⑰：机床信息按钮快捷键，如图 6.24 所示，点击该按钮可以选择进入机床信息界面或关闭机床。

模块⑱：主任务栏。

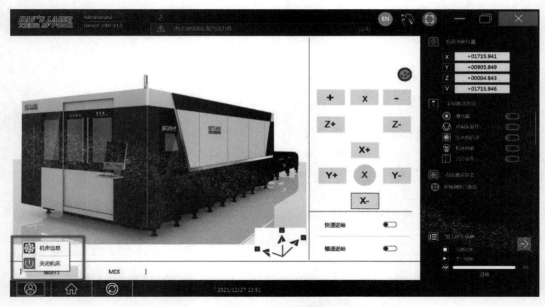

图 6.24　HMI 界面——机床信息按钮快捷键模块

3）手动界面

点击 HMI 界面的"手动"图标即可进入如图 6.25 所示的手动界面。手动界面的首页就是轴运行子界面，点击"MDI"则进入 MDI 子界面。

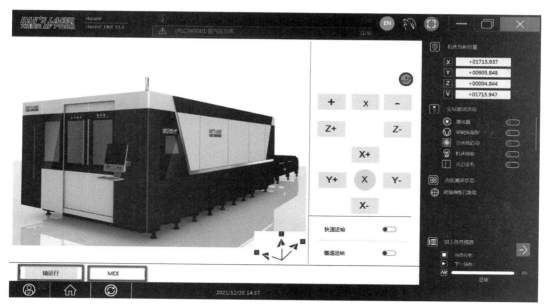

图 6.25 手动界面

（1）轴运行子界面

图 6.26 为手动界面的轴运行子界面，可以通过此界面手动实现对机床各个轴移动的控制。将倍率开关打到非 0 位置，就可以使机床轴进行正向运动或反向运动。

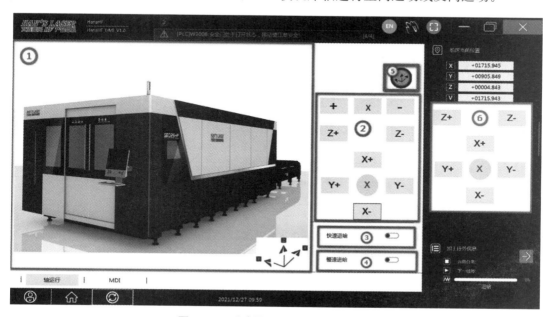

图 6.26 手动界面——轴运行子界面

模块①：机床示意图。

模块②：手动控制轴移动的按钮。"$X+$""$X-$"分别控制切割头沿 X 轴正负方向移动，"$Y+$""$Y-$"分别控制切割头沿 Y 轴正负方向移动，"$Z+$""$Z-$"分别控制切割头沿 Z 轴正负方向移动。该区域上方图示"X"可以切换到其他轴，其左右的"$+$""$-$"按钮控制切割头沿该位置设置的对应轴的正、负方向移动。操作面板上正向移动按钮、负向移动按钮也可以实现目标轴正向或者负向的连续移动，松开按钮后，目标轴即刻停止移动。

模块③：快速进给按钮。点击此按钮，机床将以 90 m/min 的速度移动。

模块④：慢速进给按钮，点击此按钮，机床将以 2 m/min 的速度移动。

模块⑤：控制切割头移动的悬浮窗，打开关闭的按钮。点击该按钮，可以在界面上悬浮出模块⑥所示的界面。

模块⑥：控制切割头移动的悬浮窗。用户可以通过此悬浮窗按钮控制切割头移动，当界面切换到生产界面和工艺界面时，模块也不会隐藏。模块只有在再次点击模块⑤的悬浮框，打开按钮后才会隐藏。

（2）MDI 子界面

图 6.27 为手动界面的 MDI 子界面，此界面可以进行手动编程，实现位置的定位以及其他想要实现的功能。

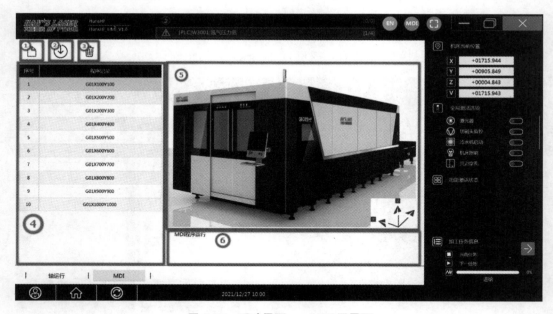

图 6.27　手动界面——MDI 子界面

模块①：新建程序，点击该按钮可以新建 MDI 程序（最多可新建 10 个），双击想要编辑的程序可进行程序编辑。

模块②：加载程序按钮，点击可以加载选中的程序。

模块③：删除程序按钮，点击该按钮可以删除不要的程序。

模块④：显示所有添加的 MDI 程序。

模块⑤：显示当前设备床身示意图。

模块⑥：显示当前加载的 MDI 程序，按下"NC start"按钮后将会运行此 MDI 程序。

4）生产界面

如图 6.28 所示，点击 HMI 界面的"生产"图标即可进入软件的生产界面。生产界面为自动切割模式界面，在该界面下，可以进行与工件加工程序有关的各种运行方式的选择。生产界面是 CNC 中最重要的部分，整个加工任务 80％的操作都要在该界面完成。生产界面主要包括生产、NC 管理、生产计划、参数设置、加工选项五个子界面。

（1）生产子界面

如图 6.28 所示，生产界面集中了当前正在执行程序的图形预览、轨迹跟踪、坐标信息、实时程序段、重要工艺参数、进给速率等的显示，还集成了程序选择、灵活进入、轮廓停止、工件停止、喷刷标定等功能。

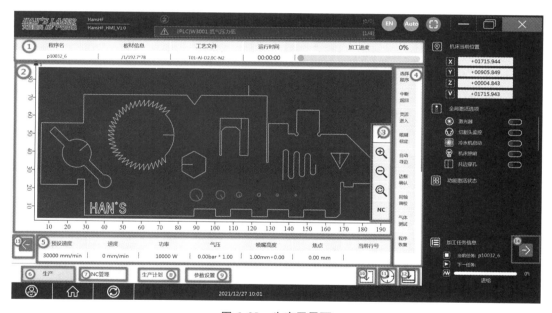

图 6.28　生产子界面

模块①：当前程序的加工信息显示区。该区域显示当前正在加载的 NC 程序名称、板材信息、工艺文件名称、机床运行时间、加工进度信息。

模块②：当前加工零件图形预览区。该区域显示当前加载程序的图形预览，以及运行程序时进行轨迹跟踪。加工完成部分显示为红色。

模块③：图形预览相关的功能按钮。按钮从上到下可分别进行程序功能按钮的显示与隐藏截图、当前加工预览图形的放大与缩小截图、图形置位回到初始状态以及 NC 程序段隐藏与显示截图。

模块④：与加工相关的功能按钮，每个功能按钮分别有不同作用。其各部分按钮的功能介绍如下。

功能一，选择程序。点击"选择程序"按钮后，将弹出程序选择对话框，如图6.29所示。顶部为文件选择路径，点击"〈""〉"可进行上下级目录的切换，最顶层文件目录为"NCProg"。对话框左边为当前文件夹目录下的一些文件或者文件夹，显示了该目录下文件的文件名称、类型、大小、日期。对话框右边为当前程序的图形预览，取消勾选右下角的"图形预览"，则关掉图形预览功能。底部可以在查找框输入想要查找的文件，点击文件夹就可以对当前目录下的文件及文件夹进行显示及隐藏，点击"↑↓"的排序按钮，可以根据名称、大小、日期对文件进行排序，"√"为确认选择按钮。

功能二，灵活进入。点击"灵活进入"按钮之后，将弹出灵活进入方式选择对话框，有"轮廓进入""工件进入""灵活补切"三种方式可选。

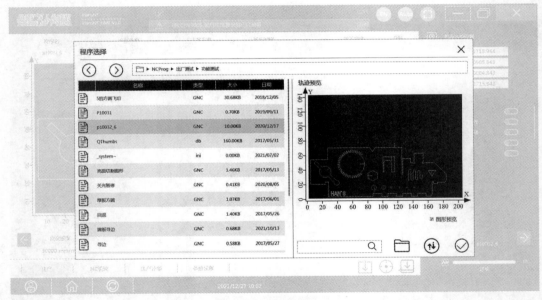

图6.29　程序选择对话框

A. 轮廓进入。如图6.30所示，点击"轮廓进入"按钮后，将弹出轮廓进入窗口。在该图形预览窗口中，每个封闭轮廓都会变为一个独立的图元。当鼠标点击某个图元时，该图元变为红色实线即为选中状态。该界面可以对图形进行轮廓缩放，对加工图形进行轮廓编号，可查看当前轮廓的ID号、轮廓的行号，也可对选中的轮廓进行确认及取消。

当轮廓确认完成后，点击机床操作面板上的"NC start"按钮，机床将开始动作：切割头快速移动（G00）到选中轮廓加工起始点，自动加载工艺参数，开光、开气并开始切割，直到排在其后的所有待加工轮廓加工完毕方才停止。

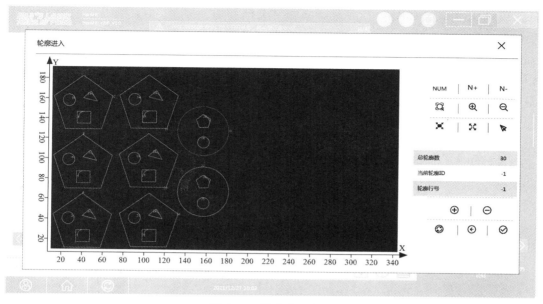

图 6.30　轮廓进入窗口

B. 工件进入。如图 6.31 所示，点击"工件进入"按钮后，将弹出工件进入窗口。在该轮廓选择窗体中，每个封闭轮廓将会变为一个独立的图元。选择目标零件图形的方式和前面介绍的选择目标轮廓的方式相同。选中目标零件图元后，在选择窗体点击"确认"按钮，点击机床操作面板上的"NC start"按钮，加工即可从选中工件处开始加工，直到排在其后的所有工件加工完毕。

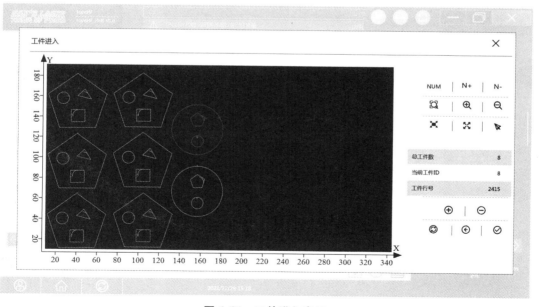

图 6.31　工件进入窗口

C. 灵活补切。如图 6.32 所示，点击"灵活补切"按钮后，将弹出工件补切设置对话框。进行工件补切设置时，一般需要把"设置当前点为补切起点"的激活开关打到激活状态（绿色为激活状态，灰色为非激活状态）。如果需要加工多个同样的工件，则可以激活"是否进行阵列补切"按钮来打开阵列补切功能，并输入所需要的横列数及零件间距，点击"确认"按钮，再点击机床操作面板上的"NC start"按钮，即可从需要补切的第一个工件处开始加工，直到排在其后的所有工件加工完毕。如果板材规则且加工数量较多，则可以激活"是否启用寻边"按钮来打开寻边动作，进行角度矫正再进行切割。如果不需要进行整理补切，则将"是否进行阵列补切"按钮置为非激活状态，点击"确认"按钮后，再点击机床操作面板上的"NC start"按钮，则可对当前工件进行加工，直到该工件加工完成。

图 6.32　工件补切设置对话框

功能三，选择停止。点击"选择停止"按钮之后，会弹出"轮廓停止"跟"工件停止"两个选项，选择停止是在加工状态需要暂停时使用。"轮廓停止"按钮激活之后，加工完当前正在加工的轮廓后机床暂停；"工件停止"按钮激活之后，加工完当前正在加工的工件后机床暂停。

功能四，程序恢复。在程序加工过程暂停之后，若进行了打同轴、更换割嘴或标定等操作，再想去重新执行原来的加工程序，可以不通过点击"程序选择"按钮来重新选择加工程序，而选择点击"程序恢复"按钮恢复之前需要加工的程序。

功能五，中断返回。"中断返回"包含了返回轮廓起点、续切、回退三个功能。当程序运行停止或者需要倒退再进行切割时，可使用"中断返回"功能。

A. 回退。NC 程序执行一段时间后，按"暂停"按钮停止程序，然后点击"中断返回"，待弹出新的选择框后点击"回退"按钮激活回退模式。当再次按机床操作面板上的"NC start"按钮运行 NC 程序时，NC 程序会从停止程序段倒着执行。当回退到指定的地方时，可以按下机床操作面板上的"NC stop"来暂停回退动作。这时点击"回退"，把回退模式取消掉，再按下机床操作面板上的"NC start"按钮，则程序继续向前执行。在回退过程中，如果不按下机床操作面板上的"NC stop"按钮，则回退执行到当前轮廓的起点即自动暂停。前进切割都需要把回退模式取消掉，才能按下机床操作面板上的"NC start"按钮继续执行程序。

B. 返回轮廓起点。当前程序未执行完成而因为各种原因中断时，需要重新返回程序继续切割，在检查完成无异常后返回当前加工程序后，点击机床操作面板上的"reset"按钮，然后再点击"中断返回"按钮，弹出新的选择对话框后点击"返回轮廓起点"，弹出返回轮廓起点对话框，点击"确认"按钮，再按下机床操作面板上的"NC start"按钮，就可以返回到中断轮廓的轮廓起点继续切割。如果中断执行已经执行完一个轮廓，则返回轮廓起点是返回到下一个轮廓的起点继续切割。

C. 续切。续切操作基本与返回轮廓起点的操作一样，不过点击"续切"按钮后，弹出的对话框需要设置续切回退距离（一般设置为1），续切回退距离是指续切时切割头在轮廓中断加工位置向前 1 mm 的地方开始继续切割。

功能六，断点管理。点击"断点管理"按钮，弹出断点管理对话框，再点击"断点存储"，则切割完该轮廓后自动停止并且把该断点存储在断点返回列表中。当需要返回切割的断点时，再次点击"断点管理"按钮，弹出对话框，点击"断点返回"则弹出断点返回列表，选择需要返回加工的工件的断点，点击"确认"按钮，再按下机床操作面板上的"NC start"按钮，就可以返回中断点继续切割。断点返回列表中记录了断点的程序名、记录时间、工艺参数等信息。断点返回列表最多可以记录 5 个断点，超过 5 个就会对最早记录的断点进行覆盖。

功能七，喷刷标定。点击"喷刷标定"按钮之后，系统自动加载喷嘴清刷标定子程序，清刷标定前需要选择相应的喷嘴类型，选择后，系统将会根据机床设置好的标定位置（其中标定开始的 Z 轴坐标必须以高喷嘴为基准，不得用其他喷嘴作为基准），自动进行喷嘴清刷，然后再进行标定。标定位置在自动模式参数设置界面中喷嘴清刷标定设置的参数输入框中设定。

功能八，同轴调校。点击"同轴调校"按钮后，系统会自动调用同轴调校子程序。同轴调校之前需要进行参数设置，包括位置、焦点、功率、脉冲频率、占空比、出光时间等。输入参数需要按回车键，设置好参数后需要点击"参数应用"来应用当前设置的参数，如果当前坐标位置不在参数设置的位置，可以点击"移动"按钮移动机床到设定的坐标位置，点击"程序执行"即可执行同轴调校动作。

功能九，气体测试。点击"气体测试"按钮，选择气体类型，设定气体压力，再点击"打开气体"按钮进行操作。

功能十，随动测试。点击"随动测试"按钮。第一步，设定随动高度，点击"开启随动"，切割头自动随动到位，再次点击则随动关闭；第二步，点击"抬起回零"，Z 轴上升回到零位置。

功能十一，焦点确认。点击"焦点确认"自动加载拉焦点程序，在弹出的对话框中输入焦点范围、变焦步长、切割速度、气体类型、气体压力等参数后，再点击"参数应用"按钮，然后点击"程序执行"按钮或按机床操作面板上的"NC start"按钮执行拉焦点程序（拉焦点需要选择 1 mm 不锈钢参数，在 1 mm 的不锈钢薄板上面进行）。

功能十二，喷嘴清刷。点击"喷嘴清刷"按钮后，弹出喷嘴清刷信息页面，可看到穿孔次数跟清刷次数。该组参数来源于"参数设置"，不能在此设置，查看完信息后点击"确认"按钮，则激活喷嘴清刷。每穿孔 10 次就须进行一次喷嘴自动清刷，使用该功能要确保安全门有效关闭，不能用各种方式屏蔽安全门，否则会存在很大的安全隐患。

功能十三，手动裁板。点击"手动裁板"按钮，会弹出"寻边裁板"跟"自定义裁板"两个选项。

A. 寻边裁板。点击"寻边裁板"，则可以选择裁板的方向（点击 X 轴方向寻边裁板，则调用 X 轴方向的寻边裁板子程序；点击 Y 轴方向寻边裁板，则调用 Y 轴方向的寻边裁板子程序）。如果需要使用寻边角度，则把"是否使用角度"的三角符号设置成"是"的状态；如果不需要使用寻边角度，则把三角符号改成"否"的状态。点击"确认"按钮后，再按机床操作面板上的"NC start"按钮，就可以执行相应的寻边裁板程序。

B. 自定义裁板。点击"自定义裁板"，则可以选择裁圆或者裁直线。当选择裁圆时，则输入圆心半径的大小后点击"确认"按钮，再按机床操作面板上的"NC start"按钮就可以执行裁圆程序；当选择裁直线时，则输入需要裁的直线 X1、X2、Y1、Y2 的值后点击"确认"按钮，再按"启动"按钮就可以执行裁直线程序。当需要返回上级选择菜单时，可以点击左方向箭头"←"进行其他裁板方式的选择；当不想裁板时，也可以点击右上角"×"按钮来取消执行裁板程序。

功能十四，自动寻边。"自动寻边"主要用于板材的角度矫正。自动寻边有"当前位置寻边""指定位置寻边""圆板寻边"三种方式。其中"当前位置寻边"与"指定位置寻边"只针对矩形板材，"圆板寻边"则针对圆形板材。寻边时需要选择相应的寻边方式，并激活"寻边功能"和"寻边动作"模式。

（2）NC 管理子界面

如图 6.33 所示，点击"NC 管理"可以进入 NC 管理子界面。NC 管理子界面可以手动对程序进行编辑修改，如：对程序进行编号、查看 NC 程序内容、对程序进行保存另存、加载 NC 文件到系统等。

（3）生产计划子界面

如图 6.34 所示，点击"生产计划"可以进入生产计划子界面。生产计划模式界面主要用于制订、查看、跟踪生产任务，包括 NC 程序准备、板材信息核对、工艺参数文

图 6.33　NC 管理子界面

件关联、需求数量设定等，也可以用于生产过程监控，即从生产计划能清晰地看出哪些 NC 程序已经执行，哪个正在执行，已经加工了多少个工件，等等。生产计划中每个任务有六项基本内容：状态（NC 程序的执行状态，包括准备状态、加工状态、完成状态）、程序、板材/厚度/幅面、工艺（执行相应 NC 程序时所要加载的工艺参数文件名称）、需求（需要加工的板材数量）、加工（已加工的数量）。

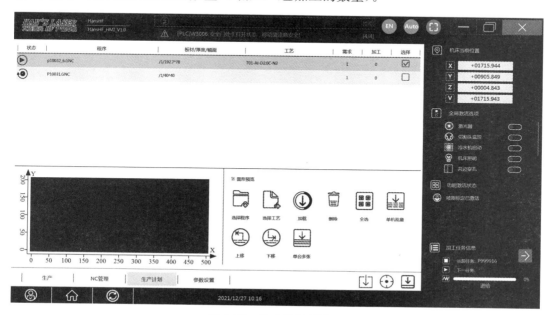

图 6.34　生产计划子界面

（4）参数设置子界面

如图 6.35 所示，点击"参数设置"可以进入生产界面的参数设置子界面。参数设置子界面用于设置机床运行的相关参数。可以设置的切割参数包括：寻边设置、喷嘴清刷标定、Z 轴高度、气体延时、自动调焦、飞行切割。

图 6.35　参数设置子界面

寻边设置：主要包括寻边范围与补偿值的设置。

喷嘴清刷标定设置：主要包括穿孔次数、清刷次数、标定开始位置 X 坐标等参数的设置。

Z 轴高度参数设置：主要包括气体开启 Z 轴高度、预穿孔 Z 轴提升高度、上层工作台 Z 轴随动极限、下层工作台 Z 轴随动极限等参数的设置。

气体延时：主要包括首次气体打开延时、气体类型切换延时两个参数的设置。

自动调焦参数：只包括焦点补偿值一个参数的设置。该补偿值用于对零焦点进行补偿，一般在出厂或者安装时候设置好，不需要重复设置。

飞行切割：包括开光提前量和关光提前量两个参数的设置，它们分别代表提前开光时间、提前关光时间。

5）工艺界面

图 6.36 为工艺界面。该界面可以进行激光切割需要用到的工艺参数的选择，还可以对工艺参数进行编辑、保存、应用、另存等操作。表 6.6 为工艺界面各操作按钮图标及说明。

图 6.36　工艺界面

表 6.6　工艺界面各操作按钮图标及说明

示意图标								
说　明	选择工艺	保存	应用	复制	粘贴	另存为	还原	设置路径	设置默认值

①选择工艺：选择工艺参数对话框中包含材料、厚度、文件名。

材料：共有 9 种可供选择。厚度：包括有"1～40 mm"当中的 40 种，对于不包括的厚度或材料就近选择或另建新的工艺参数表。文件名：工艺参数文件名由四部分组成，如参数文件名为"T2SUS-N2-D2.0C"，"T2SUS"代表厚度为 2 mm 的不锈钢板，"N2"代表使用的气体为氮气，D2.0C 代表割嘴类型。

选择工艺的步骤：第一步，确定好材料；第二步，确认厚度；第三步，确认文件下工艺参数名称，点击"确定"按钮后，将三级任务栏中滚动栏下面的文件名称改为选中工艺参数的名称，载入选定的工艺参数；第四步，点击应用图标，将新的工艺参数写入 CNC 待用。

②保存：如果需要修改工艺参数文件中的某些参数，可以在表单显示区点击需要修改的工艺参数的编辑区进行修改，之后点击回车键表示确认修改完成。如果想要修改生效，必须点击"保存"按钮。保存完成之后，点击"应用"就可使加载生效，并且页面将跳转至"生产/当前加工"页面。

③应用：选择工艺参数文件后，即可通过该按钮将此文件中的参数加载到 PLC 中，与此同时，操作页面跳转至"生产/当前加工"页面，进而点击"NC start"按钮即可

执行加工任务。

④复制和粘贴：复制当前显示参数，大轮廓、中轮廓和小轮廓可以相互复制，穿孔1和穿孔2可以相互复制。

⑤另存为：如果不想将修改的参数保存到原工艺参数文件中，需要点击"另存为"按钮将修改后的文件作为一个新的工艺参数文件予以保存。

⑥还原：把所有工艺参数还原为默认值。

⑦设置路径：通过该按钮可以设置存储工艺参数文件的文件夹所在的路径。点击"设置路径"按钮之后，会弹出工艺参数文件夹路径选择对话框，对话框顶部显示此刻选择的文件夹路径选择，完成后点击"确认"即可。

⑧设置默认值：把当前所有工艺参数设置为默认值，修改工艺参数后，可通过点击"设置默认值"按钮，还原工艺参数为默认值。

6）编程界面

如图6.37所示，点击HMI界面的"编程"图标即可进入软件的编程界面。编程界面可以进行程序的编辑，包括文件操作和图形预览两部分。表6.7为编程界面各操作按钮图标及说明。

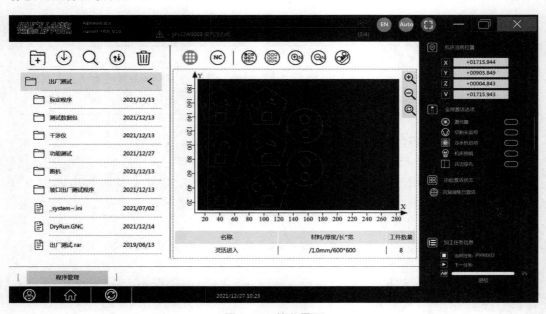

图6.37 编程界面

表6.7 编程各操作按钮图标及说明

文件操作	说　明	图形预览	说　明
	添加目录		显示预览图形

续表

文件操作	说　明	图形预览	说　明
	确认	 NC	显示 GNC 代码
	搜索列表文件	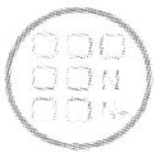	按轮廓显示编号
	文件排序	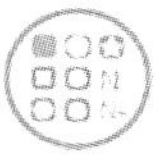	按工件显示编号
	文件删除		编号放大
	图形放大		编号缩小
	图形缩小		快速定位轨迹
	图形复位		

7）保养界面

如图 6.38 所示，点击 HMI 界面的"保养"图标即可进入软件的保养界面。为了保证加工安全，提高机床寿命，保持加工精度，规范的保养维护机制不可或缺。保养内容主要包括主机维保；光源光路维护；油、气水路维保、周边辅机及集成系统维保。每项维保项目根据保养周期不同又分为一级保养项目、二级保养项目、三级保养项目。该数控系统针对机床各个单元的维护要求开发了保养提醒和维护记录模块。

（1）主机维保

一级保养项目：保养周期为 40 h，有以下保养内容。

①清除床身表面、操作台、各传感器的污渍和灰尘。

②检查确认自动油泵的油位。

③检查切割头各气管、水管接头是否良好，清洁切割头外表的灰尘。

④检查防护罩的密封情况。

⑤清洁及润滑交换工作台传动链条，检查限位开关的性能。

⑥确认 X、Y、Z 轴的滑块、丝杆、轴承的润滑情况，清理污渍、灰尘。

⑦对光路皮腔滑动支架杆进行清理并注油，以保证皮腔的运行顺畅（CO_2 机型）。

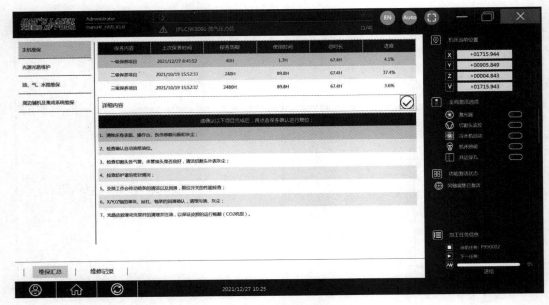

图 6.38　保养维护页面视图

二级保养项目：保养周期为 240 h，有以下保养内容。

①清理电控柜内部的污物、灰尘及散热温控机滤网的灰尘。

②清理各活动门轴承的油污，重新加注锂基 MP-3 润滑脂。

③检查 X、Y 轴防尘罩的密封性，防止金属碎屑掉入齿条表面，损坏齿轮齿条。

④检查各轴限位开关和工作台限位开关接线是否可靠。

⑤清理 X、Y 轴导轨及齿条的油污，加注精密润滑油 EUBO E883。

⑥检查机械传动部分螺丝是否紧固（包括固定切割头的螺丝，适用于自动调焦）。

⑦检查各轴限位开关和工作台的限位开关动作是否正常。

⑧重新检查紧固电控元器件接线、交换工作台传动链条。

⑨清理交换工作台传动链条油污，重新加注锂基 MP-3 润滑脂。

⑩清理 Z 轴丝杠及导轨表面灰尘和油污，重新加注锂基 MP-3 润滑脂。

⑪检查 X、Y 轴导轨及丝杠润滑情况，并用油枪加注润滑脂（丝杠处有相应的加油孔）。

⑫用气枪吹洗电控柜及换气扇过滤网上的灰尘、清洗电控柜空调过滤网。

⑬打开操作台（显示器）后盖清洗里面的灰尘。

⑭平导轨支撑轮和偏心轮、导轨滑块，加注锂基 MP-3 润滑脂一次（适用于龙门单驱）。

⑮清洁交换工作台的电机，加注锂基 MP-3 润滑脂（带交换工作台）。

三级保养项目：保养周期为 2 480 h，有以下保养内容。

①例行设备整机年度维保作业。

②设备状态检查表存档。

③维护保养报告编写存档。

④操作员技能确认及考核。

（2）光源光路维护

一级保养项目：保养周期为 40 h，有以下保养内容。

①检查各光学镜片表面是否清洁。

②检查保护镜片表面是否清洁。

二级保养项目：保养周期为 240 h，有以下保养内容。

①检查并清洗反射镜和圆铜偏振镜（参考镜片安装和清洗方法）。

②按时检查更换罗茨泵油。

③按时检查报警，进行激光器 2 000 h、6 000 h 维护检测（Rofin 激光器）。

④清洁谐振腔上的积尘，并清洗激光器和冷水机过滤器滤芯（PRC 激光器）。

⑤检查涡轮机轴承上润滑油，运行 14 000 h 后每 5 000 h 进行一次润滑（PRC 激光器）。

三级保养项目：保养周期为 2 480 h，有以下保养内容。

①例行设备整机年度维保作业。

②设备状态检查表存档。

③维护保养报告编写存档。

④操作员技能确认及考核。

⑤激光器专项维保作业。

（3）油、气、水路维保

一级保养项目：保养周期为 40 h，有以下保养内容。

①及时清理各辅机进风口过滤网罩的灰尘、杂物，保障通风顺畅。

②清理抽风管内的积尘（抽风机及管道）。

二级保养项目：保养周期为 720 h，有以下保养内容。

①检查更换过滤器滤芯（冷干机）。

②及时清洁冷凝器和蒸发器上面的污垢，更换冷却水并清洗水箱（冷水机）。

③检查并添加润滑脂（活塞式无油空压机）。

④检查调压系统的链条传动机构等工作是否正常。

⑤链条应保持润滑，校正链条的松紧程度（稳压电源）。

⑥清理稳压器各部件的灰尘和污垢（稳压电源）。

⑦检查电器元件是否有损坏，如有损坏，必须及时更换（稳压电源）。

三级保养项目：保养周期为 3 000 h，有以下保养内容。

①例行空压机 3 000 h 保养作业（螺杆机；更换空滤、油滤、油分、超级冷却剂）。

②辅机维护保养报告编写存档。

（4）周边辅机及集成系统维保

一级保养项目：保养周期为 40 h，有以下保养内容。

①检查各管路有无漏水、漏气、漏油现象。

②观察各过滤器清洁指示，保证过滤器不堵塞。

③目测检查辅机内部系统管路，有无泄露现象。

④检查切割气体的压力是否正常。

⑤观察激光器（CO_2）真空泵油位、机床润滑油泵油位、空压机润滑油位等，保证液位不低于液位计的中线。

二级保养项目：保养周期为240 h，有以下保养内容。

①检查气控柜的油雾器的油量、补油。

②检查气路和冷却水路的连接可靠性。

③清洗气动柜内的空气过滤器滤芯。

三级保养项目：保养周期为1 240 h，有以下保养内容。

①检查压力表是否正常工作，避免计量失准。

②检查并清洁空气滤清器。

③检查胶管接头是否有气泡。

④液压油取样检查，必要时更换液压油，管路进行24 h循环清洗。

⑤检查密封圈与组合垫，更换失效密封圈。

（5）维保确认

维保项目必须严格按照维保提示及维保作业指导数进行维保作业，确认维保完成后点击维保项目下的维保"确认"按钮进行维保确认，进行保养复位。

（6）维护记录

维护记录部分主要是由技术支持工程师对机床故障以及故障处理办法进行的相关记录。该页面维护记录表进行编辑记录，编辑完成之后，点击"保存"按钮即可提交，这时维护记录表中就会增加一条新的记录。

首先在维护记录表中选中要查看的记录，然后点击该按钮，此条记录的详细信息即可以对话框形式呈现出来。当有多页维保记录时，查看记录可以点击"↑"上一页和"↓"下一页对记录进行翻页查看。

8）机床信息

点击手动界面的"机床信息"，即可进入软件的机床信息界面。机床信息主要分机床通用设置、机床监控和报警信息三个子界面。

（1）机床通用设置子界面

如图6.39所示，机床通用设置子界面包含权限设置、机床设置和功能配置三部分。

①权限设置分为一级权限、二级权限、三级权限、关闭权限。

一级权限：用户名是USER，无密码。一级权限是最低权限，仅对客户开放，不能修改机床设置内容，工艺设置里设置路径和设置默认值选项以及变焦步长、变焦时间间隔、焦点补偿极限和关光焦点重置时间等全局工艺参数隐藏。

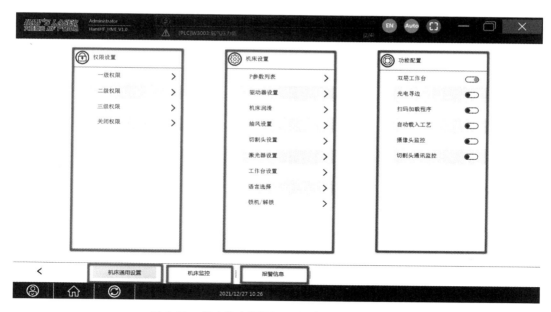

图 6.39　机床信息界面——机床通用设置子界面

二级权限：可以修改机床设置内容和打开一级权限里隐藏的工艺设置。

三级权限：可编辑保养信息，是界面最高权限。

关闭权限：把打开的权限关闭，界面恢复到一级权限模式。

②机床设置、功能配置里的参数在出厂时已设置完成，如要修改，则需专业工程师进行操作。机床设置有驱动器、机床润滑、切割头、激光器、工作台、语言选择、锁机/解锁等设置。

驱动器设置：设置参照原点。在设置驱动器当前参数时，需要按下急停，点击应用设置，才能把预设参数设置成当前参数。

机床润滑：一般机床润滑工作时间为 30 s，机床润滑间隔时间为 10 min。

抽风设置：选择不同的机型，抽风区数量也不一样。第一抽风区位置需根据机床坐标原点位置不同而改变，抽风区间距基本固定在 15 mm。

切割头设置：切割头类型有 PRECITEC、HANS1、IPG 和 HANS2 四种。选择 PRECITEC 和 IPG 切割头时，调焦公式选择隐藏；选择 HANS1 和 HANS2 切割头时，调焦公式选择不隐藏。可根据切割头说明书选择对应的调焦公式。

激光器设置：激光器类型有 IPG 和 HANS 两种，根据激光器铭牌功率大小设置激光器功率，激光器功率系数是 30 000（W）除以激光器功率的值。

工作台设置：根据机床实际的工作台配置选择工作台类型。工作台类型可分为单层三电机、双层单电机、双层双电机、单层液压台和 Pro 简易液压台五种，其中 Pro 简易液压台暂时未使用。

语言选择：根据客户需要的界面语言选择相应的语种。

锁机/解锁：通过锁机/解锁设置查看锁机剩余时间和请求码，在锁机剩余时间较少时，可根据请求码向工作人员索要响应码，以改变锁机时间。

切割头通信设置：关联切割头设置，当切割头类型为 HANS1 或 HANS2 时，切割头通信激活。

③机床功能设置里含有双层工作台、光电寻边、扫码加载程序、自动载入工艺和摄像头监控等功能，除了双层工作台功能，其他功能暂未开发。

双层工作台：通过点击双层工作台图标右侧按钮，激活/关闭双层工作台功能，若激活双层工作台功能，在界面生产→参数设置→喷嘴清刷标定界面里会出现下层工作台标定开始位置的 Z 轴坐标（高喷嘴，mm）设置，在界面生产→参数设置→Z 轴高度界面里会出现下层工作台 Z 轴随动极限限制（mm）设置。

（2）机床监控子界面

如图 6.40 所示，点击"机床监控"可以进入机床信息界面的机床监控子界面。机床监控界面有激光器、切割头、工作台、加工信息和 PLC 端口等信息的显示。

图 6.40　机床信息——机床监控子界面

①激光器。激光器监控功能关联激光器监控软件，点开可显示激光器监控软件画面。

②切割头。如图 6.41 所示，点击机床监控子界面的"切割头"，就可以进入切割头监控界面。该界面可以查看切割头各组镜片的温度、气体压力、焦点位置等信息。

③工作台。如图 6.42 所示，点击机床监控子界面的"工作台"，就可以进入工作台信号监控界面。工程师可以通过查看工作台监控界面各个感应开关的状态，发现和

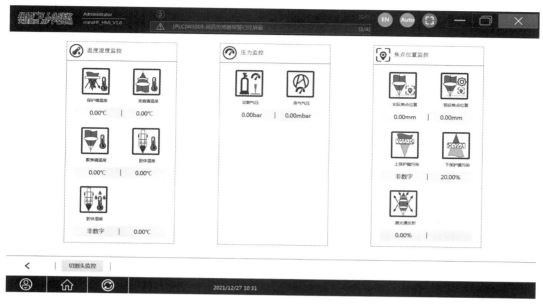

图 6.41　切割头监控界面

排查故障。工作台感应开关亮起表示为到位状态。

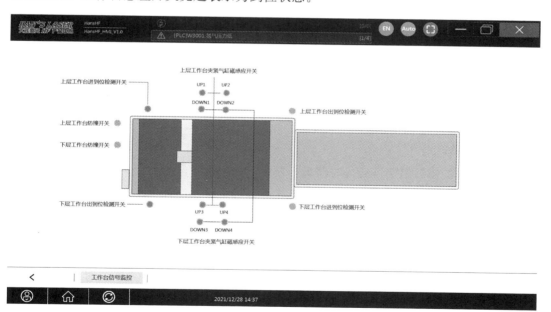

图 6.42　工作台信号监控界面

④加工信息界面显示有当前及历史加工的加工时间、使用气体、气体压力、喷嘴高度等信息。

⑤PLC 端口界面内的信息仅针对专业技术工程师开放。

（3）报警信息子界面

如图 6.43 所示，点击"报警信息"可以进入机床信息界面的报警信息子界面。报警信息分为待处理消息和历史消息两种。

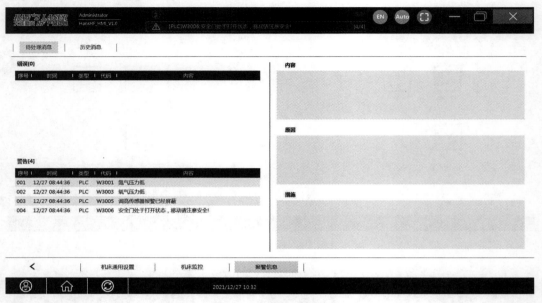

图 6.43　报警信息子界面

①待处理消息一般有错误、警告、内容、原因、措施等。

错误：机床处于停止状态，驱动器未上使能。显示报警时间、报警类型、报警代码和报警内容。

警告：机床不会停止，驱动器不会因此掉使能。显示报警时间、报警类型、报警代码和报警内容。

内容：点击错误或警告的报警信息，显示当前报警的全部内容。

原因：根据报警内容，预先分析主要原因，可帮助操作者快速定位故障原因。

措施：根据报警内容和原因，预先制定解决方案，可帮助操作者快速排查故障。

②历史消息是机床发生报警信息的存储，包含错误和警告。考虑到界面使用流畅的问题，报警信息记录仅保留两天的时间，超过两天的界面报警记录会被自动删除。

任务3　在线 CAM 软件操作界面

在线 CAM 软件是一款机床自带的在线编程软件，可满足客户实时修改切割程序的需求，具有简单、方便、易操作等特点。

如图 6.44 所示，CAM 软件界面分为文件导入区域，绘图功能区域，程序处理区域，程序生成排序区域，功能性区域，生成 NC 及模拟区域，以及分层处理及显示区域。

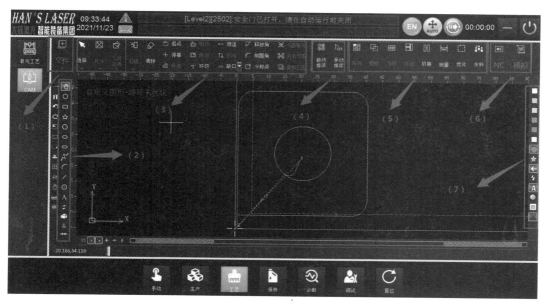

图 6.44　CAM 操作软件界面

模块①：文件导入区域。此区域可进行文件的导入（可导入的文件包括 DWG、DXF 等格式），同时可进行导入文件的相关设置。

模块②：绘图功能区域。此区域主要包含一些绘图的常用命令以及图形处理命令，如裁剪、炸开、合并等功能，具有部分 CAD 的绘图功能，在实际使用过程中可以实时绘制一些简单的图形。

模块③：程序编辑处理区域。此区域可以对零件进行添加补偿、引线、微链接等相关功能操作。

模块④：程序生成排序区域。此区域可分为自动排序和手动排序。

模块⑤：功能性区域。此区域主要包括阵列、群组、飞切、桥接、测量、优化功能。

模块⑥：NC 的生成和模拟区域。此区域可以生成 NC 程序，还可以对刀路进行模拟，检查刀路是否合理。

模块⑦：分层处理和显示区域。此区域主要包括对切割零件进行分图层切割处理，以及设置路径显示、起点显示等一些显示功能。

课后习题与自测训练

一、判断题

1. 人机交互界面主要由主操作面板、系统界面和工作台控制面板三部分组成（部分设备还会配置有手持盒）。   （   ）

2. CAM 软件用于输出机床识别的加工程序，一般使用离线的方式安装在编程电脑，也有部分可以按照在机床上。   （   ）

3. 当机床出现工作异常时需要按下紧急停止按钮。   （   ）

4. "碰撞报警"激活时切割头碰撞会报警，关闭"碰撞报警"之后切割头碰撞不会报警。   （   ）

5. 当保养界面某保养单元的进度信息达到 100% 时，就需要对其对应的保养单元进行保养。   （   ）

6. 保养界面的一级、二级保养项目可以由操作人员自行复位，三级保养项目需要由厂家专业工程师完成。   （   ）

二、简答题

1. 急停开关在机床的哪个位置？在什么情况下可以使用？

2. 在线 CAM 软件可以完成哪些操作？请列举你知道的五个功能。

激光切割设备操作流程

项目描述

通过前面几个项目的学习，大家了解了激光切割技术基础知识、光纤激光切割设备及系统构成、人机交互界面等相关内容，对激光切割设备有了整体的认识。因为不同的机型搭载不同操作系统，所以不同机型的人机界面是有区别的，但是激光切割设备需要用到的功能大部分都会具备，部分特殊功能只有部分机型的操作系统才有搭载，因此，基于操作系统功能的完备性考虑，本项目以 LION 系列设备搭载的 HAN'S 401 数控系统为例进行讲解。

本项目主要内容包括标准激光加工流程、标准切割功能的使用方法、加工过程中异常的处理方法以及其他方便日常使用的功能。其中标准激光加工流程及相关功能的操作为本项目的重点内容。只有学会了设备的基础功能，才有练习其他复杂功能的可能。

本项目旨在通过详细地介绍激光切割设备的使用，使学生能对激光切割设备的使用及加工流程有一定的认识，以及能利用激光切割设备进行一些简单的加工。

任务 1 标准激光加工流程

步骤 1 【选择工艺参数】根据要加工的板材选择对应的切割参数。

步骤 2 【检查更换喷嘴】根据需要切割的板材及使用的切割工艺选择并更换对应的喷嘴（参考工艺参数名），喷嘴型号的选择和喷嘴的完整情况很大程度上影响切割质量。

步骤 3 【标定】对切割头进行标定，以保证切割时喷嘴随动高度稳定。

步骤 4 【气体测试】根据选择的切割工艺进行需要使用的辅助气体的气体测试，保证在切割时对应辅助气体通过的管路内的气体纯净。

步骤 5 【打同轴】进行打同轴操作，对激光光路进行同轴调校，确保激光和喷嘴小孔同轴。

步骤 6 【程序选择】当前 5 步准备工作完成后就可以选择并调用需要加工的程序，保存并应用工艺参数。

步骤 7 【手动对刀/自动寻边】根据生产情况选择对刀的方式：手动对刀、自动寻边，使用自动寻边的情况下也许需要考虑是使用"三点寻边"还是使用"当前位置寻边"。

步骤 8 【走边框】为了保证切割时板材大小足够切割需要加工的程序，避免程序在切割时超出机床可加工范围造成机床超限位报警，在切割前就需要使用走边框辅助操作人员判断。

步骤 9　【出光切割】确认所有准备工作都已经完成后点击"NC start"开始切割（当加工出现异常时点击"NC stop"暂停加工）。

步骤 10　【首件必检】在激光加工时为了保证加工质量，需要在整板加工时对加工的第一个工件进行测量。如果零件符合质量要求就继续切割，如果是切割有缺陷就需要检查并更改工艺参数，如果是加工尺寸有误差就需要对程序的补偿值进行调整。

以上 10 步为激光切割设备的标准操作流程，但是在实际的生产过程中，操作的步骤也是可以进行调整的，但是一定要保证以下几点：

①更换喷嘴、陶瓷环后一定要进行喷嘴标定。

②点击"NC start"之前一定要确保机床各工作状态已经确认完毕（程序、气体、对刀、工艺参数、喷嘴、保护镜等）。

当加工程序修改补偿后，如何替换原来的程序？

①将重新编程的程序在机床上替换原来的程序（注意在 CAM 软件修改程序时不得修改原来的排版和加工顺序）。

②在机床上点击大复位按钮，复位当前的加工。

③使用"程序选择"选择其他任意加工程序后再返回第一步重新修改后的加工程序。

④使用"加工中断返回""续切"或"灵活进入"继续加工（注意观察切割状态，有异常及时暂停加工）。

任务 2　喷嘴、陶瓷环的更换

切割不同材质、不同厚度的板材，需要用到不同型号的喷嘴，所以在进行切割之前，要根据工艺参数的名称进行喷嘴的更换。如工艺参数名为"T01-sus-D3.0C-N2-0.7"，此时就需要将喷嘴更换为"D3.0C"的喷嘴。图 7.1 为 D3.0C 喷嘴。

（a）

（b）

图 7.1　D3.0C 喷嘴

1）喷嘴的更换步骤

步骤1　将切割头 Z 轴正方向升至最高，并移动到机床前端方便操作的位置。

步骤2　如图7.2所示，将喷嘴顺时针从切割头上拧下（建议采用图示方法拆装，喷嘴脱落会掉在手心，否则容易掉落至废料车中）。

步骤3　检查喷嘴型号。

步骤4　检查喷嘴外观是否有缺陷。

步骤5　将喷嘴更换为需要型号的完好喷嘴。

图7.2　更换喷嘴

注意：喷嘴在加工结束后温度会很高，更换喷嘴时，要先用手指腹轻触以判断喷嘴的温度，以防烫伤。在进行喷嘴更换时，可以借助干净的手套操作，这样可以增加和喷嘴之间的摩擦力，还能防止被烫伤。此外，安装喷嘴后继续切割时，要先对喷嘴进行标定。

2）陶瓷环的更换

图7.3为常用的陶瓷环结构，其上部有一个铜柱销子和两个销孔，其下方是安装割嘴的螺纹。陶瓷环的包装内会有一个和陶瓷环配套的黑色密封圈。根据设备的型号不同，陶瓷环会有不同的外径，但是整体结构都类似，且平板光纤激光切割机的陶瓷环兼容使用所有的喷嘴。

（a）　　　　　　　　　　　　　　　　（b）

图7.3　陶瓷环

如图7.4所示，陶瓷环下方有安装割嘴的螺纹，可以使用螺纹将割嘴固定在陶瓷环上，割嘴与传感器不直接接触，陶瓷环起到连接传感器和割嘴的作用。陶瓷环和传感器是通过一个锁紧环连接的。如图7.5所示，传感器底部和陶瓷环顶部都有定位销且相互配合，定位销一方面起到定位的作用，另一方面其中间的圆柱铜销起到传递信号的作用。为了保证气密性，在传感器和陶瓷环接触面上还会有一个密封圈。

（a）　　　　　　　　　　　　　　　（b）

图 7.4　陶瓷环安装

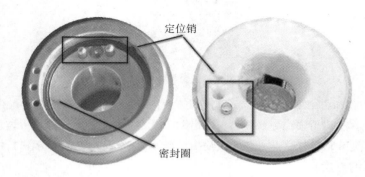

图 7.5　传感器下端面（左）、陶瓷环上端面（右）

陶瓷环的更换步骤：

步骤 1　将切割头 Z 轴正方向升至最高，并移动到机床前端方便操作的位置。

步骤 2　首先拆下割嘴。

步骤 3　逆时针旋转锁紧环，直至将陶瓷环拆下，手法和拆卸割嘴一样，防止陶瓷环和锁紧环掉落。

步骤 4　检查拆下的陶瓷环和密封圈，必要时进行更换。

步骤 5　安装陶瓷环时首先安装密封圈。

步骤 6　将锁紧环套在左手食指，右手将陶瓷环定位销对应好固定在传感器对应位置。

步骤 7　左手食指固定陶瓷环，右手食指锁紧锁紧环。

步骤 8　安装割嘴并标定。

任务 3　标　定

更换过喷嘴或陶瓷环后，都需要对喷嘴进行标定后才可以进行切割。当切割过程中出现随动异常时，需要暂停加工，对喷嘴进行标定。标定分为自动标定和板面标定两种。

两种标定的动作相同，区别就是板面标定需要操作人员手动将喷嘴移动到板材上方，而自动标定喷嘴会自动移动到标定块上方。

板面标定的步骤如下：

步骤 1　如图 7.6 所示，手动移动切割头到板材表面上方，喷嘴贴近板面。

图 7.6　喷嘴贴近板面

步骤 2　在生产界面点击"服务"按钮，在弹出的界面选择"随动标定"，标定方式选择"板面标定"（默认勾选标定结束显示标定曲线）。

图 7.7　板面标定

步骤 3　点击"NC start"按钮，此时切割头开始自动标定。

步骤 4　当切割头停止动作，机床指示灯由绿色变黄色，机床界面显示出标定曲线时，即为标定结束。

注意：标定启动时切割头一定要在板材上方，否则会撞到支撑条造成切割头损坏；降低 Z 轴的时候需要降低速度倍率，避免因为速度过快撞到板材。

标定曲线为喷嘴随动高度和电容信号的线形曲线。一般电压范围 0～10 V 对应的切割头随动高度为 0～20 mm。在标定时，切割头首先会碰撞板材，喷嘴和板材接触的高度的电压值即为 0 V，此时切割头会机械性地抬高制定高度，机床会在对应高度记录对应的电信号，最终生成如图 7.8 所示的标定曲线。在切割过程中，机床会和标定时相反，根据传感器反馈的电信号来判断自己的随动高度。图示标定曲线为标准的标定曲线，如果实际曲线高于图示曲线就会出现高空出光的现象，如果实际曲线低于图示曲线就会出现切割头过冲撞板的现象。

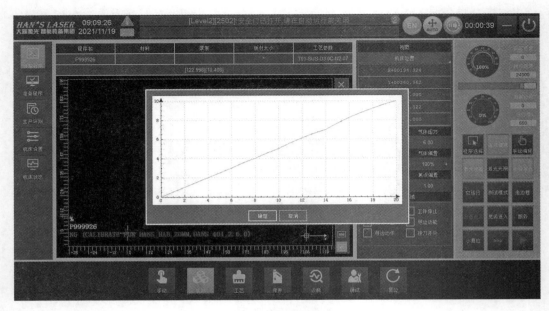

图 7.8　标定曲线

部分机床会自带标定块（工作台指定位置的一块专用于标定的平台，带铜刷）。在进行标定时无须提前移动切割头的位置，直接在机床生产界面调用"喷嘴清刷标定"，此时切割头就会自动移动到机床设定的坐标和高度进行喷嘴清刷和标定。

任务 4　气体测试

气体测试功能主要用于调试、生产切割之前，检查气体是否开启，特别是设备刚开机时，可避免气体未开而直接切割现象的出现；在使用不同辅助气体切割前，也需要使用气体测试排空管路或切割头腔体内残留的气体。例如：上一个加工任务为空气切割不锈钢，而下一个订单为氧气切割碳钢，在加工任务开始前，就需要使用气体测试功能排空管道残留的空气，防止管路残留气体导致切割气体不纯而出现切割质量问题。

如图 7.9 所示，在机床的生产界面点击"服务"按钮，选择"气体测试"功能，此时会出现气体类型选择和压力设置的界面。在该界面选择需要测试的气体，然后设置对应的气压（单位：bar），点击"气体打开"，切割头就会有气体喷出。

激光内部切割用的气体管路只有一条低压管路和一条高压管路，两条管路可承受的气压范围不同，一般低压管路可以承受 0～10 bar 的气压，高压管路可以承受 0～30 bar 的气压。氧气走的是低压管路；氮气、空气走的是高压管路，有时在生产中也会用到高压氧气切割，高压氧气走的也是高压管路。

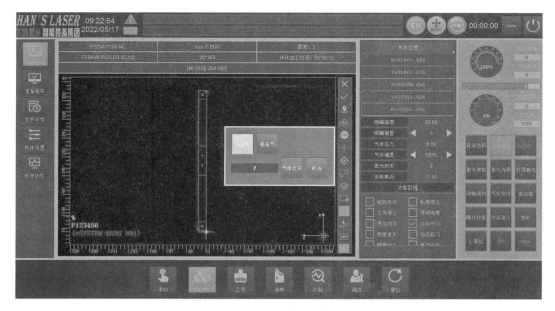

图 7.9　气体测试

注意：高压管路的气体压力较大，测试时建议将切割头移动至支撑条间隙并关闭安全门；氧气是助燃气体，在低压管路测试氧气时，建议打开安全门避免密闭空间的氧气浓度过高。

任务 5　保护镜更换

切割头内从上到下有扩束镜组件、聚焦镜组建、保护镜三组镜片。光纤激光切割机对激光的要求很高，随着激光器功率的发展，激光的功率密度也越来越高，光路内出现的一点污染就会造成镜片的损坏。聚焦扩束镜组是切割头工作不可缺失的一部分，但是其造价非常高，为了降低成本，就有了保护镜的出现。保护镜是防止聚焦扩束镜组污染的第一道屏障。

1）保护镜更换

在切割之前需要检查保护镜状态，保护镜污染会造成切割不良。如图 7.10 所示，保护镜在切割头的腔体内部，外部可以看到的是保护镜的镜座和固定螺栓。检查保护镜时，将两个固定螺栓逆时针旋出，然后抽出保护镜座即可。

如图 7.11 所示，为了防止灰尘进入切割头腔体，在抽出保护镜座后，需要对腔体进行密封。一般在抽出保护镜座之前，需准备一段干净的美纹胶纸，将其贴于切割头保护镜腔一侧。当抽出保护镜座后，应立即使用美纹胶纸将暴露的腔体密封。

如图 7.12 所示，取出保护镜座后借助光源查看保护镜的洁净情况，如果有灰尘就

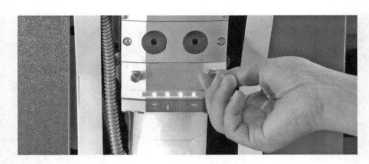

图 7.10　更换保护镜

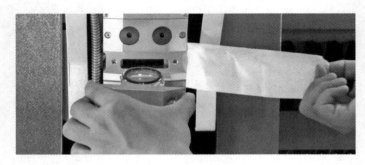

图 7.11　密封镜腔

需要进行擦拭，如果被损坏就需要进行更换。

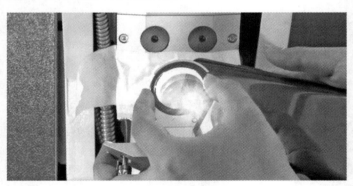

图 7.12　检查保护镜

　　如图 7.13 所示，更换保护镜时，首先要保证周边环境清洁，然后取下保护镜座上的盖子，接下来取下已损坏的保护镜，再将新的保护镜安装在镜座对应位置，盖上盖板。在安装切割头前，还需要再检查一下保护镜，没有问题就撕开密封切割头保护镜腔的美纹胶纸，将保护镜座装回切割头，将固定螺栓顺时针锁紧。此时保护镜就更换完成了。

　　注意：在进行保护镜检查更换时要关掉设备周边的风扇。

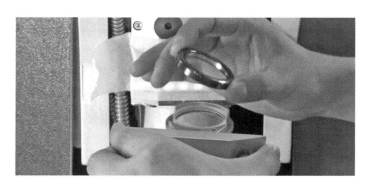

图 7.13　更换保护镜

2）保护镜擦拭

如果保护镜上有灰尘，就需要对保护镜进行擦拭。擦拭要在一个洁净的环境中进行，并需准备无尘布、棉签、异丙醇或高纯度酒精。

如图 7.14 所示，保护镜擦拭的步骤如下：

步骤 1　将保护镜座放置于无尘布上。

步骤 2　将保护镜盖取下。

步骤 3　将保护镜取下（拿保护镜侧边，不要触碰上下表面）。

步骤 4　用异丙醇或高纯度酒精将棉签润湿，然后将棉签前端面以和保护镜表面成 45°角沿一个方向擦拭镜片，棉签使用过之后要更换新的棉签，如果不能擦拭干净则直接更换镜片。

步骤 5　使用棉签清洁保护镜座。

步骤 6　镜片及镜座清洁完毕后将保护镜装回保护镜座，然后将盖板盖上。

步骤 7　此时保护镜就已经清洁完毕，可以直接将其安装在切割头上，若无须使用，可用美纹胶纸或绿膜将其封存。

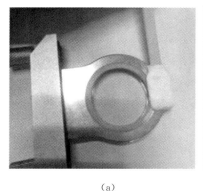
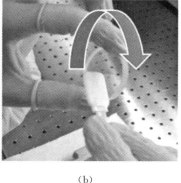
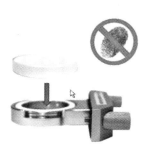

（a）　　　　　　　　　　（b）　　　　　　　　　　（c）

图 7.14　保护镜擦拭

任务6 同轴调校

同轴调校就是检查激光束的轴心是否和喷嘴下表面的小孔同轴,如果不同轴就需要进行调校。当设备每日开机后首次切割前、切割过程中火花往板材上面飘或者加工出来的工件两侧切割面效果不一致时,就要对设备进行同轴调校。一般在使用氧气切割碳钢板时才需要进行同轴调校,因为氧气切割碳钢时使用的割嘴小,设备对同轴的要求更高。同轴调校时使用的割嘴越小,同轴调校越准。因此,在设备使用时,一般选用小孔径喷嘴进行同轴调校,同轴调校完毕后再换回切割需要使用的割嘴。

同轴调校的步骤如下:

步骤1 将切头移动至机床方便操作的位置,因为要出光,所以一定要注意不要把激光打在钣金件上,建议切割头停留在支撑条间隙上方。

步骤2 如图7.15所示,将透明胶带粘在割嘴正下方,并用指肚压实透明胶带。

图7.15 用指肚压实透明胶带

步骤3 在机床手动界面点击"服务"按钮,选择"同轴调校"功能。

步骤4 在图7.16所示的界面设置激光功率(激光器满功率的10%,如3 000 W的激光器设置输出功率为300 W)、频率(2 000~5 000 Hz均可)、占空比(30%~50%)、焦点和出光时间(50 ms),如果透明胶带上没有烧点或烧点不明显,就可以适当增大功率、增大占空比或延长出光时间,参数设置完毕后点击应用。

步骤5 打开"激光光闸"。

步骤6 点击如图7.16所示界面上的"启动"按钮或者是操作面板上的"NC start"按钮。

步骤7 关闭"激光光闸"。

步骤8 将胶带按照打同轴时粘贴的方向取下,观察烧点位置(图7.17)。

步骤9 如果烧点偏离喷嘴小孔中心位置,就需要对同轴进行调节。如图7.18所示,切割机上有两个同轴调节旋钮,这两个旋钮是依靠两个锁紧环固定的,在进行同轴调校时,要先松开同轴锁紧环,然后根据图7.17胶带上同轴偏移的位置进行调节。

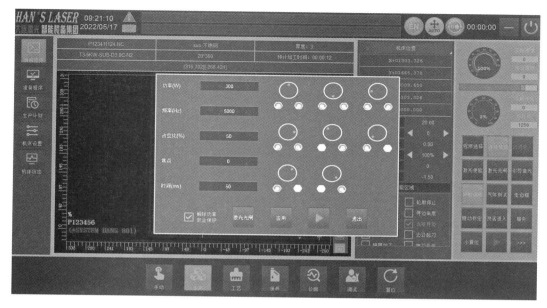

图 7.16　同轴调校界面

图 7.17　胶带上的烧点

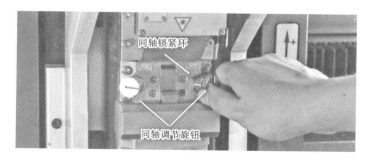

图 7.18　同轴调节旋钮

步骤 10　如图 7.19 所示，同轴调节界面调节方法示意图中红点代表透明胶带上烧点偏移位置，下方两个旋钮代表两个调节旋钮的不同旋转方向，按照图示方向进行调校即可，具体的旋转角度需要凭借经验进行选择。

步骤 11　同轴调节旋钮调校一次之后，需要再按照步骤 2、步骤 5、步骤 6、步骤 7、步骤 8 进行操作。如果同轴未校准，则需要继续调节两个旋钮；如果同轴确认调

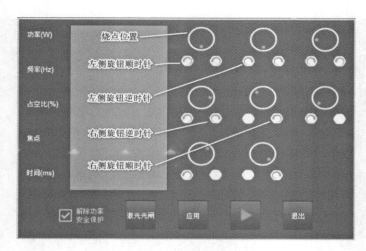

图 7.19 同轴调校方向示意图

准，就可以进行锁紧同轴锁紧环的操作。

步骤12 如图 7.20 所示，在锁紧陶瓷环时，为了避免锁紧时误将同轴旋钮一起转动，要用左手大拇指固定调节旋钮，右手锁紧同轴锁紧环，将两个同轴锁紧环都锁紧之后，再进行一次同轴调校，确认一下同轴情况。

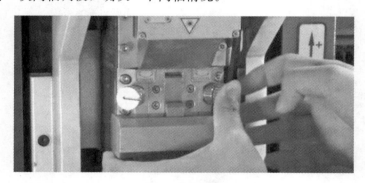

图 7.20 锁紧锁紧环

注意：在粘贴和取下透明胶带时要关闭激光光闸，避免激光灼烧手指。

任务7 程序、工艺参数选择

1）程序选择

步骤1 点击生产界面的"程序选择"。

步骤2 在程序选择界面选择需要的加工程序，程序选择完毕后点击"确定"即可。

图 7.21 为程序选择界面。界面最上方为文件路径；中间为选中的文件夹内的文件

列表；界面最左边是文件夹路径快捷方式导航栏，可以将中间列表中选中的常用文件夹用右键或者左键直接拖到左边的快捷导航栏中，导航栏内添加的文件夹也可以用右键删除；界面最右边为程序图形预览及代码显示区域，勾选该界面的"预览"功能就可以预览选中的图形；界面最下方是搜索、文件类型设置。

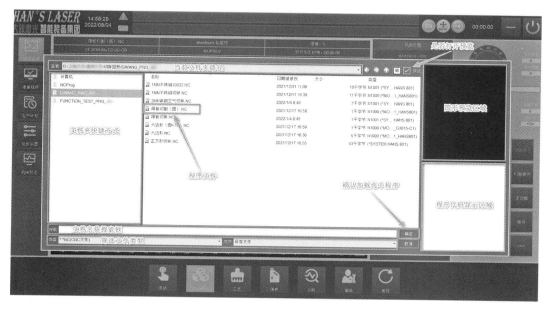

图 7.21　程序选择

2）工艺参数选择

步骤 1　点击工艺界面的"选择参数"（见图 7.22）。

步骤 2　在参数选择界面可以根据材质、厚度、气体、文件名来选择需要的工艺参数。

步骤 3　参数选择完毕后，点击"确定"→"应用"，此时界面会自动跳转生产界面。

工艺参数命名有一定的规则，如工艺参数名为"T5-6KW-MS-D4.0C-O2"，T5 为板厚 5 mm、MS 为材质碳钢，D4.0C 为喷嘴型号，O2 表示气体类型为氧气。工艺参数名中各信息根据命名人员的习惯在顺序上会有变化，且当一台设备有多人使用时，不同的操作人员还会加上用于区别人员信息的备注，如：张三的参数名为"T5-6KW-MS-D4.0C-O2-zs"，李四的参数名为"T5-6KW-MS-D4.0C-O2-ls"。

工艺参数其他的操作前文有详述，此处仅补充：

①还原为初始值：将当前工艺文件的工艺参数还原为初始值。

②保存为初始值：将当前工艺文件的工艺参数保存为初始值。

③删除：删除当前工艺文件。

注意：保存为初始值和删除功能为了防止使用人员误操作，使用时需要打开系统

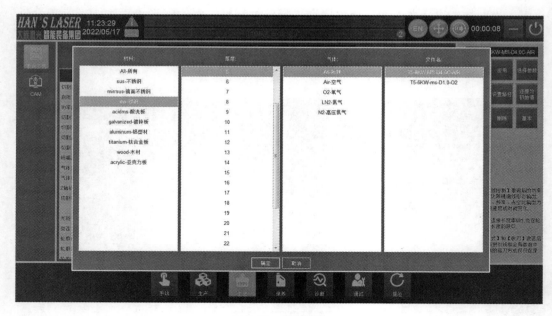

图 7.22　参数选择

的高级操作权限。

3）工艺参数说明

工艺参数按其功能的不同分为：切割、打标、穿孔 1、穿孔 2、引线、全局。

（1）切割

如图 7.23 所示，切割参数分为切割层 1、切割层 2、切割层 3，三层切割参数被定义为：切割层 1 为大轮廓的连续切割，切割层 2 为中等轮廓的连续切割，切割层 3 为狭小轮廓的脉冲切割。三个切割层和 CAM 软件编程时的分层相对应。

切割速度（mm/min）：设定切割加工时激光头移动速度。

启用功率曲线控制：一般默认激活状态，激活状态会使用功率曲线，不激活使用切割功率、切割频率、切割占空比三组参数控制激光输出。

功率曲线：选择该切割层调用的功率曲线序号，还可以设置功率、占空比、频率三个参数和切割速度之间的曲线。图 7.24 为功率曲线编辑界面。

切割功率（0～6 000 W）：设定切割需要的激光功率。

切割频率（0～50 000 Hz）：表示外控时的脉冲频率，对应控制激光器脉冲频率。

切割占空比（0%～100%）：表示外控时的脉冲占空比，对应控制激光脉冲占空比。

切割焦点（−30～20 mm）：以 mm 为单位定义焦点的偏置量（当切割头配备自动调焦功能时有效时；若为手动调节切割头，此处参数仅起到示意作用，实际需要在切割头上手动调节）。

喷嘴高度：以 mm 为单位定义切割时喷嘴距离板材的高度。

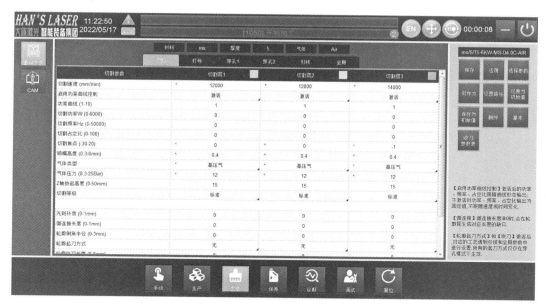

图 7.23 切割参数

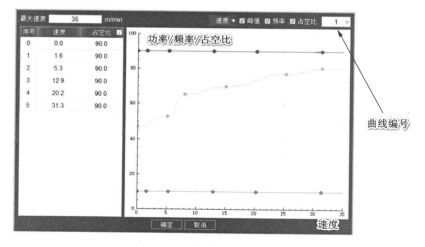

图 7.24 功率曲线

气体类型：选择切割时使用的气体应对应高压气管路或低压气管路。

气体压力：以 bar 为单位定义切割时气体的压力。

Z 轴抬起高度（0～50 mm）：以 mm 为单位定义 G00 快速移动时切割头抬升的高度。当板材不同时，所设定的最小抬头高度不同。当蛙跳关闭时，此值生效。

切割等级：设置每层参数使用的切割精度等级（超精、精确、标准、快速）。

光斑补偿（0～1 mm）：设置光斑半径补偿值，是工件精度的机器补偿，需要在 CAM 软件设置启用机器补偿后生效。

微连接长度（0～1 mm）：设置轮廓微连接长度。

轮廓起刀方式：无、慢速、小圆、小圆＋慢速、新起刀。

开光延时（ms）：以 ms 为单位定义从开光到开始轨迹运动的等待时间。

关光延时（ms）：以 ms 为单位定义从停止运动到关闭激光的等待时间。

为减速起割，3 为小孔加减速起割，4 为新慢起刀切割。

穿孔参数组别号（0/1/2）：定义是否使用穿孔和使用穿孔参数组穿孔 1 还是穿孔 2，0 表示不穿孔，1 表示使用穿孔 1 参数，2 表示使用穿孔 2 参数。切割层 1、切割层 2、切割层 3 三组参数可设置不同的穿孔组别，配合穿孔方式的不同，可实现同一零件或板材使用两种不同的穿孔方式。

轮廓夹角（0°～180°）：小于该设置值时，转角参数使用下述两组参数值而不使用机床参数设置值。

样条拟合长度（4～500 mm）：设置使用转角参数的样条拟合长度。

样条插补精度（0.001～2）：设置使用转角参数的样条插补精度。

Z 轴调高是否激活（0＝no/1＝yes）：定义切割过程中 Z 轴是否开启随动功能。

蛙跳是否激活（0＝no/1＝yes）：定义切割过程中是否开启蛙跳。

（2）打标

如图 7.25 为软件的标刻参数设置界面。打标定义为对材料表面进行激光打标。打标参数分为打标层和烧膜层，打标层参数用于 CAM 编程时设置的打标层加工，烧膜层参数用于 CAM 软件设置的喷膜路径加工。标刻各参数定义与切割参数相同。

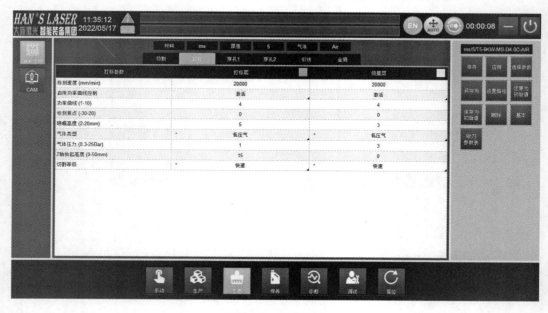

图 7.25　打标参数

（3）穿孔 1、穿孔 2

如图 7.26 和图 7.27 所示，穿孔 1、穿孔 2 为穿孔参数组别名称，穿孔 1 和穿孔 2

有相同的参数设置。

穿孔组 1 穿孔阶段：分为一阶、二阶、三阶、四阶、五阶。其中一阶穿孔调用 1 阶段的参数，二阶穿孔调用 1 阶段＋2 阶段的参数，三阶穿孔调用 1 阶段＋2 阶段＋3 阶段的参数，四阶穿孔调用 1 阶段＋2 阶段＋3 阶段＋4 阶段的参数，五阶穿孔调用 1 阶段＋2 阶段＋3 阶段＋4 阶段＋5 阶段的参数。

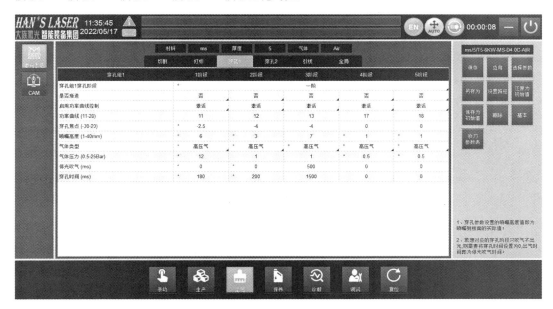

图 7.26　穿孔 1 参数

图 7.27　穿孔 2 参数

113

是否渐进：一般默认"否"，激活时在调用该阶段参数进行穿孔时，喷嘴高度会渐进式下降。渐进式穿孔在切割厚钢板（＞8 mm）时使用，穿孔速度较快，穿孔孔径较大（直径为 2～3 mm），适用于带引线（＞5 mm）的厚板切割。

停光吹气（ms）：每阶段穿孔完成后的关光吹气时间。

穿孔时间（ms）：以 ms 为单位定义穿孔时间。

（4）引线

图 7.28 为引线参数界面。当切割参数引线方式选择为非 0 时，引线参数有效。引线方式选择有小圆起刀、慢速起刀、小圆加慢速起刀和新起刀。引线参数主要应用于氮气切割方式。

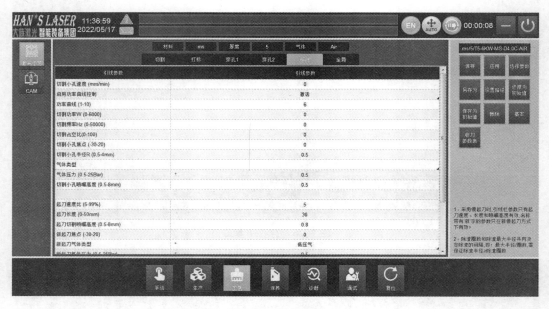

图 7.28　引线参数

切割小孔速度（mm/min）：以 mm/min 为单位定义切割小孔时的速度。当小孔引入生效后，其切割轨迹如图 7.29 所示。

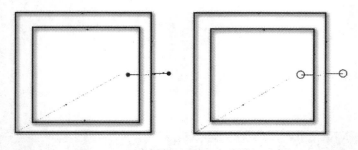

图 7.29　正常切割（左）、小孔引入（右）

切割功率 W（0～6 000）：以 W 为单位定义切割小孔时的最大功率。

切割小孔半径 R（mm）：以 mm 为单位定义切割小孔的半径。

起刀速度比（5％～99％）：定义引线切割时相对切割速度的速率百分比。

起刀长度（0～50 mm）：以 mm 为单位定义引线速度调节的所用距离。

起刀切割喷嘴高度（0.5～8 mm）：以 mm 为单位定义引线时切割头的偏置高度，在原切割高度的基础之上增加一定的高度，如图 7.30 所示。

新起刀焦点（－30～20 mm）：设置新起刀时的焦点偏置。

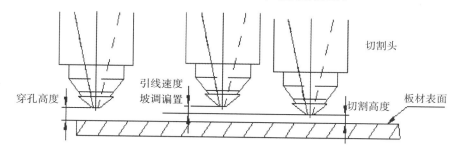

图 7.30 引线速度坡调偏置及切割高度

新起刀气体类型：设置新起刀气体类型。

新起刀气体压力：设置新起刀时的出气压力。

类似参数请参见切割参数部分说明。

（5）全局工艺

图 7.31 为全局参数界面。全局工艺设置生效后，所有功能都会生效，全局工艺参数如下所述。

图 7.31 全局参数界面

转角冷却时间（ms）：尖角处的切割时关光的时间。在 CAM 软件生成程序时，要输出 M87 代码，不然转角冷却时间不生效。

提示：参数界面的右下角有不易理解的参数的解释。

任务8　寻边及走边框

在整板加工大幅面板材时，由于板材的摆放角度很难和工作台方向一致，板材的边缘和机床的 X/Y 轴之间会有一定的夹角，在生产时，要么校准方正，要么将加工程序坐标系的原点定义为实际摆放板材位置的边角（一般为板材右下角），加工程序的 X-Y 坐标系相对机床的 X-Y 坐标系来说有一个偏移角度。手动进行校准的板材可以在切割头定位到板材原点后直接开始加工，但是一般针对板材的手动校准难度较大，所以在加工时一般使用机床的寻边功能来进行自动定位及校准。

一般寻边在机床上有两种方式：当前寻边、三点寻边（三点寻边也叫指定位置寻边）。机床自动寻边的动作如图 7.32 所示。

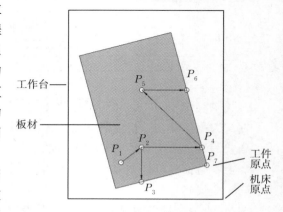

图 7.32　自动寻边动作示意图

1）当前寻边

当前寻边的步骤如下：

步骤 1　在生产界面的机床设置子界面选择"当前寻边"。

步骤 2　激活"寻边角度"和"寻边动作"（机床设置界面和当前程序界面均有按钮）。

步骤 3　手动移动切割头到板材上方，切割头所停留的点为 P_2。

步骤 4　点击"NC start"按钮，此时切割头就会开始寻边了。

寻边动作：切割头从 P_2 点随动至板面并沿 X 轴负方向移动找到 P_3 点；切割头抬高快速回到 P_2 点后再随动至板面，然后沿 Y 轴负方向移动找到 P_4 点；切割头根据已经寻找到的两点，结合要加工的板材大小自动寻找到 P_5 点，然后随动至板面并沿着 Y 轴负方向移动找到 P_6 点；得到 P_3、P_4、P_6 就可以确定一个坐标系。此时 P_7 为工件原点，P_4 到 P_6 的方向为 X 轴正方向，P_7 到 P_3 的方向为 Y 轴正方向。

注意：

①使用当前寻边时，要保证在寻边开始时切割头位于板材上方，否则切割头会碰撞工作台支撑条导致切割头损坏。

②寻边结束后会直接开始加工，在启动寻边之前，要先打开激光光闸。

③如果 P_7 点位于板材内部或者外部，就需要在图 7.33 所示的界面调整"寻边补偿 X、Y（mm）"。

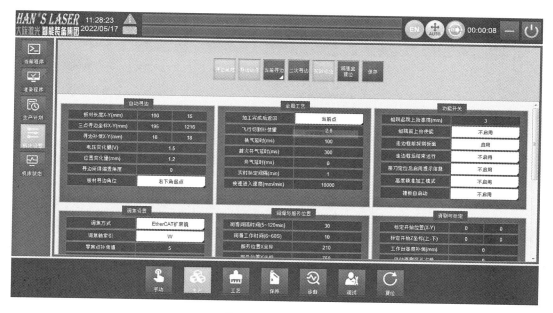

图 7.33　寻边设置

2）三点寻边

三点寻边的寻边原理和当前寻边的原理相似，但操作方法和寻边动作有区别。在实际生产过程中，三点寻边会比当前寻边更高效，在机床使用单机批量加工功能时，寻边方式使用的就是三点寻边。

三点寻边的步骤如下：

步骤 1　首先移动切割头到板材上方合适位置 P_2，在图 7.34 所示的手动界面"机床位置"处记录 P_2 点坐标。

步骤 2　将坐标值输入到图 7.33 中"三点寻边坐标 X-Y（mm）"。

步骤 3　激活"寻边角度"和"寻边动作"（机床设置界面和当前程序界面均有按钮）。

步骤 4　点击"NC start"按钮，此时切割头就会开始寻边了。

寻边动作：寻边开始前，切割头停留在机床任意位置 P_1，点击"NC start"后，切割头从 P_1 自动移动至板材上方 P_2 点的位置，切割头从 P_2 点随动至板面并沿 X 轴负方向移动找到 P_3 点；切割头抬高并快速回到 P_2 点，然后再随动至板面，然后沿 Y 轴负方向移动找到 P_4 点；切割头根据已经寻找到的两点，结合要加工的板材大小自动寻找到 P_5 点，然后随动至板面并沿着 Y 轴负方向移动找到 P_6 点；得到 P_3、P_4、P_6 就可以确定一个坐标系。此时 P_7 为工件原点，P_4 到 P_6 的方向为 X 轴正方向，P_7 到 P_3 的方向为 Y 轴正方向。

图 7.34 记录 P_2 点坐标

注意：

①使用三点寻边时，工作台上的板材不要堆放太高，不能有板材翘起，避免切割头从 P_1 移动至 P_2 时发生碰撞。

②每次上料必须保证板材放在同一区域内，P_2 处于板材上方。

③在首次使用三点寻边时，要确认"三点寻边坐标 X-Y（mm）"，避免被其他人误改。

3）走边框

在实际生产时，会出现工件加工路径超出板材可加工范围和切割头行程等情况，这些都会造成工件不能全部加工完成且浪费板材，为避免这种情况发生，在正式加工前，我们一般会使用走边框功能来验证板材位置及大小是否满足切割需求。

任务 9　其他功能

除了标准的用于切割的功能及加工过程中出现异常情况需要使用的功能外，机床还拥有一些方便日常使用的功能。

1）返回标记点

（1）记录标记点

如图 7.35 所示，机床原点是机床设置中定义的原点位置，除非修改机床相关设置，否则机床原点的位置不会发生改变；工件原点、坐标系 1、坐标系 2 是机床自动记忆的坐标点，坐标位置会随着加工任务的更新而变化。工件原点记录的是代码 G54 对应坐标系的原点位置，坐标系 1 记录的是代码 G55 对应坐标系的原点位置，坐标系 2 记录的是代码 G56 对应坐标系的原点位置；标记 1—标记 5 分别代表一个建立在机床坐标系上的坐标值（原点为机床原点），坐标信息可以由操作人员自行设定。

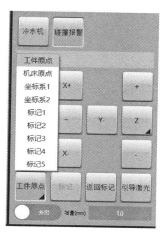

　　以标记 1 为例，将图 7.35 所示的"工件原点"切换为"标记 1"，将切割头移动至需要记录的位置，点击"标记"按钮，此时切割头当前所处位置的坐标信息即被记录进"标记 1"。当切割头移动至另一个位置时，点击"标记"按钮，"标记 1"第一次记录的坐标就会被替换，当前"标记 1"记录的坐标就被更新为当前位置的坐标。

图 7.35　标记点

　　（2）手动返回标记点

　　在机床的手动界面点击图 7.35 所示的"工件原点"按钮，切换为需要移动到的标记点，然后点击"返回标记"按钮即可手动返回标记点。

　　（3）自动返回标记点

　　如图 7.36 所示，在机床生产——机床设置子界面的全局工艺参数界面上，可以设置机床在每一个程序加工完成后自动回到哪一个标记点。

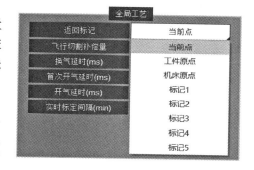

图 7.36　机床设置——全局工艺

　　2）裁板

　　当加工一块没有排版完全的板材时，剩下的余料由于带着已加工过的部分，整体不方便存放，如果对余料进行分割，就会方便保存。切割余料一般有两种方法：在 CAM 软件编程时添加余料线，使用机床裁板功能。在 CAM 软件编程时添加余料线后，生成的程序会自动在工件切割完成后进行裁板，裁板的角度会根据寻边结果添加偏移角度；而机床的裁板功能不会根据板材寻边结果添加偏移角度。本节教大家学习裁板功能的使用。

　　如图 7.37 所示，点击生产界面的"服务"功能，然后点击"裁板"按钮，会出现裁板界面。裁板分为 X 寻边裁板、Y 寻边裁板和示教裁板。

　　（1）X 寻边裁板

　　步骤 1　在引导激光状态下，在裁板界面手动移动切割头到余料板材上方的合适位置，为方便观察可以适当降低切割头高度。

　　步骤 2　确认切割头位置合适后，激活"X 寻边"，关闭"引导激光"。

　　步骤 3　点击"确认"。

　　步骤 4　在生产界面，打开激光光闸，点击"NC start"即可开始裁板。

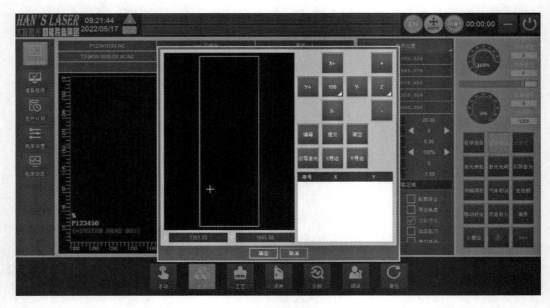

图 7.37 裁板

此时切割头就会沿着 X 轴方向进行寻边,当确定两边边缘位置之后,就会对余料进行裁板操作。切割路径为寻边寻到的两个边缘点之间的线段。

(2)Y 寻边裁板

步骤 1 在引导激光状态下,在裁板界面手动移动切割头到余料板材上方的合适位置,为方便观察可以适当降低切割头高度。

步骤 2 确认切割头位置合适后,激活"Y 寻边",关闭"引导激光"。

步骤 3 点击"确认"。

步骤 4 在生产界面,打开激光光闸,点击"NC start"即可开始裁板。

此时切割头就会沿着 Y 轴方向进行寻边,当确定两边边缘位置之后,就会对余料进行裁板操作。切割路径为寻边寻到的两个边缘点之间的线段。

(3)示教裁板

如图 7.38 所示,示教裁板是通过手动移动切割头,定位需要裁断的切断线,示教裁板需要手动指定板材边缘,同时不带寻边角度。具体操作步骤如下:

步骤 1 手动依次移动至期望点时,点击"提交",即可记录相应的点坐标,同时显示对应的待裁断轨迹路径。

步骤 2 裁断点均提交完成之后,点击"确定"。

步骤 3 在生产界面,打开激光光闸,点击"NC start"即可开始裁板。

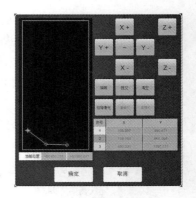

图 7.38 示教裁板

注意：点击"清空"按钮后，将会清除所有的提交点信息；点击"编辑"按钮后，可以对提交点坐标进行手动编辑。在裁板时要保证割嘴、工艺参数等和要裁切的板材材质厚度对应。

3）交换工作台

一般激光切割设备都会搭载双工作台，前工作台进行板材的加工生产，后工作台用于板材的上下料，双工作台可以大大提高生产效率。

交换工作台有自动交换和手动交换两种方式。一般使用自动交换工作台，当自动交换被意外终止时，就需要使用手动交换工作台。

（1）自动交换工作台

步骤1　首先确认机床周围是否安全。

步骤2　确认安全后，将切割头抬至最高处并移动到工作台前端（此处可以设置为返回标记点，设置之后可以省去此步骤）。

步骤3　将速度倍率调到0%，点击"复位"按钮确认机床当前没有报警。

步骤4　关闭安全门。

步骤5　激活手动界面的"工作台"按钮，如图7.39所示，手动界面会出现工作台交换示意图。

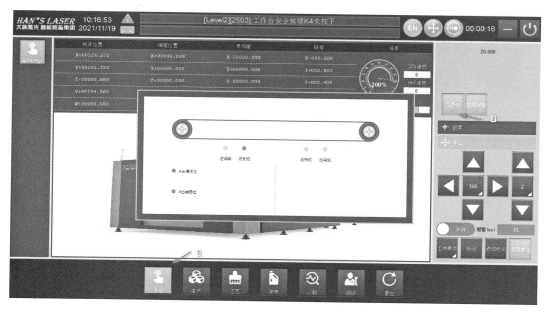

图7.39　手动界面——工作台交换示意图

步骤6　如图7.40所示，点击机床后方小面板上的工作台交换的安全按钮"K4"，使其从闪烁状态变为常亮状态。

步骤7　在机床前操作面板点击"NC start"按钮，此时工作台就开始交换了。

工作台交换结束后，安全按钮"K4"会自动从常亮状态变为闪烁状态，手动界面的"工作台"按钮也会自动熄灭。

（2）手动交换工作台

步骤1　首先确认机床周围是否安全。

步骤2　确认安全后，将切割头抬至最高处并移动到工作台前端（此处可以设置为返回标记点，设置之后可以省去此步骤）。

步骤3　将速度倍率调到0％，点击"复位"按钮确认机床当前没有报警。

步骤4　关闭安全门。

步骤5　激活手动界面的"工作台"按钮，

图7.40　交换工作台面板

如图7.39所示，手动界面会出现工作台交换示意图。

步骤6　如图7.40所示，点击机床后方小面板上的"交换安全按钮"。手动交换工作台有点动和连续两种模式。

点动模式：激活工作台操作面板的"Table JOG"按钮，长按"Table IN""Table OUT"即可控制上层工作台进出，松开按钮工作台就会停止移动，再次点击，工作台会继续移动，但工作台再次移动的速度会变为设定移动速度的20％左右。

连续模式：激活工作台操作面板的"Table CONT"按钮，点击（一下）"Table IN""Table OUT"即可控制上层工作台进出，需要停止的话，就点击该界面的"Table STOP"按钮。

步骤7　在手动界面点击"工作台"按钮，此时手动交换工作台就完成了。

注意：

①在交换工作台时，工作台交换轨道及运动范围内不得有障碍物阻碍工作台的交换。

②工作台交换途中不得打开安全门。

③工作台交换按钮"K4"在工作人员上下料时要保持闪烁状态，该按钮处于闪烁状态时，工作台无法被自动交换。

4）手动寻边和圆板寻边

寻边除了最常用的"当前寻边"和"三点寻边"之外，目前还有"手动寻边"和"圆板寻边"两种方式。

（1）手动寻边

手动寻边定位的方式与"当前寻边"和"三点寻边"的寻边原理相同，也是通过三点确定一个坐标系。如图7.41所示，通过手动移动方向键红光定位到板材边沿进行采点，首先采集板材X轴上的两个点P1、P2，然后移动切割头到板材角点P，点击"计算角度"按钮，使用P坐标可以根据需求选择激活与不激活。如图7.42所

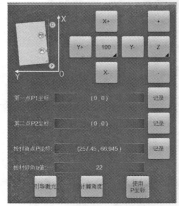

图7.41　手动寻边

示，激活使用 P 坐标，"手动寻边"图标中间显示"■"信息，此时程序将以记录的 P 点作为程序加工的起点；不激活使用 P 坐标，"手动寻边"图标中间显示"√"信息，此时程序将以点击"NC start"时的机床位置作为程序加工的起点。

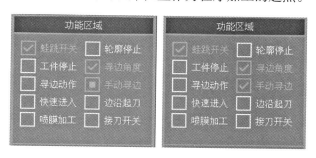

图 7.42　使用 P 坐标（左）、不使用 P 坐标（右）

（2）圆板寻边

圆板寻边的操作步骤和矩形板材寻边的操作步骤相同，但是圆板寻边的寻边路径比矩形板材寻边更复杂，圆边寻边的次数比矩形板材寻边的次数更多，其寻边动作分为如图 7.43 所示的两组。寻边完成后就会得到圆形板材的工件原点（一般是圆心）。为了保证寻边的精度，寻边时需要保证板材尺寸合理，保证寻边距离足够。在使用圆板寻边时，安全起刀的定位点应该是左图所示的白色安全区域（即切割头应定位于板材的左下角且与板材中心保持一定距离）。

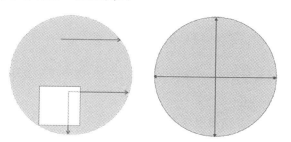

图 7.43　圆板寻边动作 1（左）、动作 2（右）

任务 10　加工过程中特殊情况的处理

机床加工过程中可能会遇到标准切割时不同的一些加工需求或者加工异常，遇到这些问题时，就可以使用如图 7.44 所示的机床自动界面的"功能区域"内的功能，它们分别适用于不同的切割场景。

图 7.44　手动界面——功能区域

1）首件必检及中途抽检

在实际生产中，会遇到加工工件质量不合格的情况。为了避免这种情况的发生，可以暂停加工，对中途加工出来的工件进行检查，质量合格后再继续加工。由于中途暂停加工需要操作人员时刻关注切割路径，然后手动暂停，为了方便工程师的使用，就有了"工件停止"和"轮廓停止"这两个功能。

（1）轮廓停止：在加工过程中，若想机器在加工完当前轮廓后暂停，可以在加工该轮廓时勾选"轮廓停止"功能，在当前轮廓加工结束后，机器就会自动暂停，切割头会自动移开方便工程师检查轮廓加工质量。

（2）工件停止：在加工过程中，若想机器在加工完当前工件后暂停，就可以在加工该工件时勾选"工件停止"功能，在当前工件加工结束后，机器就会自动暂停，切割头会自动移开方便工程师检查工件加工质量。

注意：

①工件停止或轮廓停止之后，直接点击"NC start"按钮即可恢复加工，中途不得点击大复位按钮，否则程序会从头重新开始加工。

②在进入机床检查加工质量时，要保持安全门常开且报警未被屏蔽，避免机床突然动作从而危及人身安全。

2）蛙跳开关

激活后会开启蛙跳动作。图 7.45 为蛙跳开启前、开启后的切割头在两个轮廓之间空程的移动路径。

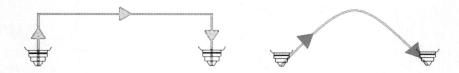

图 7.45   蛙跳开启前（左图）、开启后（右图）切割头的空程移动路径

3）寻边角度、寻边动作

图 7.44 功能区域的"寻边角度"和"寻边动作"按钮为快捷开启开关，它们和图 7.33 机床设置中的两个按钮的作用一致。

4）当前寻边

"当前寻边"按钮用来显示当前的寻边模式。如果此时使用的是三点寻边，则该开关处为三点寻边。

5）快速进入

"快速进入"按钮是用来搭配灵活进入使用，主要针对大轮廓且切割速度较慢的情况。该指令激活后，切割头会按照"机床设置"中设定的速度前进。

6）边沿起刀

"边沿起刀"激活后可减少板边起刀时的碰撞（应用案例：共边切割），在从板材外部切割到板材内部的过程中，切割头会关闭随动，以一个高于板面的恒定高度移动。

7）喷膜加工

喷膜加工可按轮廓进行（不支持无穿孔使用），一般在 CAM 软件编程时未添加喷膜或者整板只有部分区域需要喷膜的情况下需要启用此功能。

8）接刀开关

勾选生产界面功能区域的"接刀开关"后，会出现如图 7.46 所示的界面。当因为一些原因在机床加工中途停止（手动暂停、碰撞报警）后点击了大复位按钮时，如果要继续执行原来的程序，就需要使用"接刀开关"功能。

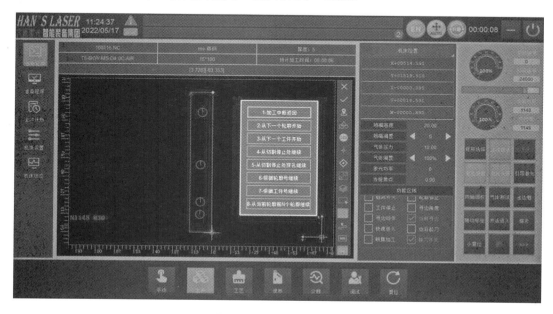

图 7.46　接刀开关界面

（1）接刀开关各功能说明

1—加工中断返回：从中断轮廓的中断点继续开始加工，也叫续切。

2—从下一个轮廓开始：跳过当前加工轮廓，从下一个轮廓开始加工。

3—从下一个工件开始：跳过当前加工工件，从下一个工件开始加工。

4—从切割停止处继续：从中断轮廓的起始点继续开始加工，也叫加工中断返回、断电返回。机床意外停电后恢复加工只可以使用此功能恢复加工。

5—从切割停止处穿孔继续：从中断轮廓的中断点穿孔后继续开始加工。

6—根据轮廓号继续：从第 N 个轮廓继续开始加工。

7—根据工件号继续：从第 N 个工件继续开始加工。

8—从当前轮廓前 N 个轮廓继续：设当前轮廓为第 M 个，启用此功能后，会从第 $(M-N)$ 个轮廓开始继续切割。

（2）接刀开关使用方法

前提：在加工停止后点击大复位按钮，需要返回继续加工。

步骤 1　勾选"接刀开关"。

步骤 2　在弹出的界面选择需要的功能，例如"1—加工中断返回"。

步骤3 在机床的生产界面点击"NC start",此时程序就从上次中断轮廓的中断点继续开始加工了。

注意:

①在使用接刀开关前,要保证工作台未交换且板材没有移动。

②在选择接刀开关之后,不得点击大复位按钮。

③在加工中断期间不得切换加工程序,同轴调校、喷嘴标定、气体测试除外。

④使用寻边加工的程序在启用"接刀开关"功能之前,要保证勾选"寻边角度",而不勾选"寻边动作"。

9)断点存储与断点管理

在实际生产中会遇到这样的情景:在当前生产的中途,突然来了一个紧急订单,而当前的加工任务还要很久才能完成,且等当前的加工任务结束后再去处理紧急订单,时间又来不及,再加上紧急订单的利润很高,那么如何在拿下紧急订单的同时又能保证当前加工任务的后续未加工的零件可以继续加工完成,剩余的板材不被浪费呢?

此时,可以使用断点存储和断点管理这两个功能。断点存储可以保存当前未完成的程序的加工信息,断点管理可以加载之前中断的存储信息。

断点存储和断点管理的操作步骤如下:

步骤1 在当前任务加工过程中点击"断点存储"(断点存储会自动停止工件的加工)。

步骤2 如图7.47所示,待当前加工任务中的工件加工结束后会自动暂停,生产界面会出现如"断点记录完成!请查看第3号断点"这样的信息。

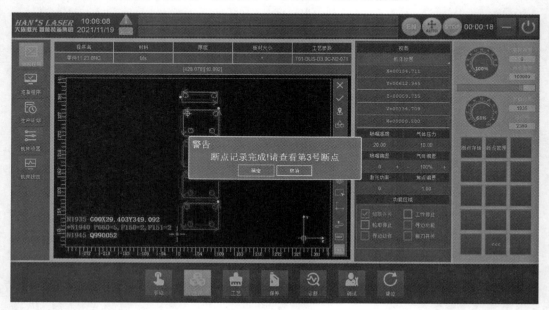

图7.47 断点记录

步骤 3 点击"确定"按钮。

步骤 4 此时就可以去进行其他订单的加工。

步骤 5 待其他订单加工完成后，将割嘴更换为需要返回加工任务需要的割嘴并标定。

步骤 6 确认原加工任务板材的位置未移动（交换回原来的工作台）。

步骤 7 如图 7.48 所示，点击生产界面的"断点管理"，选中之前记录的断点（如：3 号断点），点击"确定"按钮。

步骤 8 点击"NC start"开始加工。此时之前中断的任务就开始加工了。

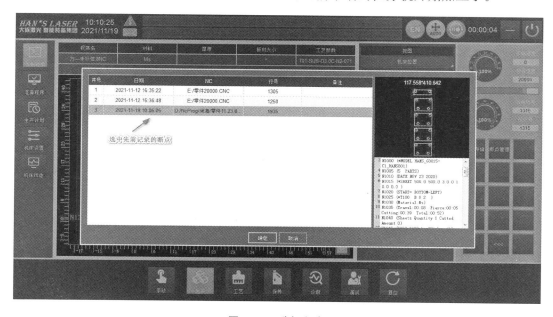

图 7.48 选择断点

注意：

①断点存储最多可以记录 10 个断点信息，超出 10 个后，新增断点信息会将最先存储的覆盖。

②零件之间要保证 5 mm 的间隙，防止板材轻微移动造成继续加工失败。

③断点存储仅会记录当前程序的断点和工艺信息，喷嘴等则需要人工确认。

课后习题与自测训练

一、单选题

1. 更换完喷嘴后需要进行（ ）操作。

A. 调用程序 B. 标定 C. 走边框 D. 寻边

2. 当不清楚调用程序切割的工件尺寸的时候可以通过（　　）操作判断。

A. 寻边　　　　　　B. 裁板　　　　　C. 走边框　　　　　D. 续切

3. 使用当前点寻边功能时，切割头切割位置在（　　）。

A. 左下角　　　　　B. 右下角　　　　　C. 中间　　　　　D. 板材内

4. 切割工件断面四面不一致时第一步要进行（　　）操作。

A. 更换喷嘴　　　　B. 更换保护镜　　C. 打同轴　　　　　D. 标定

5. 擦拭保护镜时，无须用到以下哪样物品。（　　）

A. 蒸馏水　　　　　B. 棉签　　　　　C. 异丙醇　　　　　D. 无尘布

二、判断题

1. 更换喷嘴或者保护镜时不需要密封窗口。　　　　　　　　　　　　（　　）

2. 密封圈老化或者破损了需要更换。　　　　　　　　　　　　　　　（　　）

3. 切割过程中按"暂停"后移动切割头，后续切割可以直接切割，不需要使用加工中断返回功能。　　　　　　　　　　　　　　　　　　　　　　（　　）

4. 加工过程中，有一块加急板材要切，可以按停止，交换工作台先切加急板，切完后再回来切先前板材，需要用加工中断返回功能。　　　　　　　（　　）

5. 加工程序中有余料切割线则不需要使用自动裁板功能。　　　　　（　　）

第四部分

激光切割设备维护与保养

项目 8

设备的维护与保养

项目描述

在光纤激光切割机的正常使用过程中，必须对设备进行日常保养和维护，从而提升设备的稳定性，延长设备的使用寿命。整个机床由高精密的部件组合而成，因此在日常维护过程中必须格外小心，必须严格按照各部分的操作规程进行，并且由专人进行维护，不得野蛮操作，以免损坏元器件。

本项目旨在通过对激光切割设备各部件的维护与保养的介绍，使学生了解并掌握光纤激光设备及辅助设备的清理维护，认识各种保养用品，掌握设备维护、保养的操作和技巧。

任务 1　切割机的维护与保养

对机床进行专业的保养，不仅可以使机床外观干净整洁，保证机器时刻保持最佳的运行状态，还可以有效减少机器故障的概率，从而提高生产效率，甚至于有效减少生产事故的发生。机床的保养分为机床的润滑和机床的清洁两部分。

1）机床润滑

设备的润滑是设备机械运动部分不可缺少的，如果设备缺乏润滑，轻则导致齿条和导轨磨损、产生精度误差等情况，重则因为起热严重、负载过大引发各种安全事故。所以我们需要按时对设备进行润滑。

机床在投入运行之前，须根据润滑说明认真地进行润滑。如果机床较长时间没有运行，必须检查整个机床的润滑情况。

LION 系列和 HF 系列光纤激光切割机厂家推荐的润滑剂主要有两种：

①齿轮齿条润滑用油为精密润滑油，推荐使用 EUBO E883（图 8.1）。

②直线导轨及链轮、链条润滑脂为大族智能装备集团有限公司的专用润滑脂。

用最合适的润滑剂来进行专业润滑是保持机床质量的前提，这样可以避免运行故障。

机器润滑如图 8.2 所示。润滑的注意事项如下：

图 8.1　润滑油图

①加油和排放口不要在规定外的时间打开，并经常保持清洁。

②擦洗油槽和润滑点只准使用没有纤维屑的擦布；不要使用煤油和汽油，而应使用稀薄液体状态的主轴润滑油（喷射润滑油）。

③不允许将合成润滑油与矿物油或其他厂家生产的合成油（即便是其他厂家生产的同等特性的合成油）混合使用。

④废油只能在暖机状态下排放。

⑤必须特别重视废油的无害化处理。

2）机床清洁

激光切割设备在生产过程中会有各种切割副产物（图8.3），如铁屑、熔融物、废料渣等，所以要定期对设备进行清洁维护。

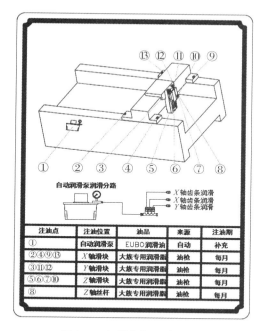

注油点	注油位置	油品	来源	注油期
①	自动润滑泵	EUBO润滑油	自动	补充
②④⑨⑬	X轴滑块	大族专用润滑脂	油枪	每月
③⑪⑫	Y轴滑块	大族专用润滑脂	油枪	每月
⑤⑥⑦⑩	Z轴滑块	大族专用润滑脂	油枪	每月
⑧	Z轴丝杆	大族专用润滑脂	油枪	每月

图8.2 机器润滑示意图

图8.3 切割副产物

激光切割环境粉尘大，因此还应注意电控柜的防尘。除了检修外，应尽量少开电控柜门，若空气中飘浮的粉尘和金属粉末落到印刷电路板或电气接插件上，元件间的绝缘电阻易下降，元件也易出现故障甚至损坏。

设备周围明显的污垢可以通过擦洗去除，或用工业吸尘器吸除。废料车（图 8.4）要定时进行处理，废料积压过多容易导致废料车变形损坏。

进行养护工作时必须通过主开关来关闭机床，并且把钥匙拔下；必须严格遵守安全规定，以避免发生事故。用户应备有以下常用的维护用品：异丙酮（AR99.7％，100 mL/瓶）；光纤擦拭棉签（TX759B，卫利国际贸科）；专业擦镜纸（K-015 MEKKO，50 张/包）；切割头专用镜片；专用扳手；光纤用除尘剂（ES1620苏州龙川电子）；万用表（一只）；酒精。

大族激光智能装备集团有限公司大功率光纤激光切割机的维护保养内容详见表 8.1。

图 8.4　废料车

表 8.1　激光切割机维护保养内容

保养时段	维护保养内容	维护保养目的
每日	及时清理机床床身、切割头、传感器等部件上的污痕污物	保持机床外观清洁
	及时清理机床内的易燃物，如手套、碎布	防止切割中引起火灾
	及时清理漏料斗、废料车上的铁渣	保证切割废料能够顺畅落下
	每日开机前仔细检查切割辅助气体的压力和气体减压器工作是否正常	保证切割断面质量
	检查光路镜片冷却水循环是否正常	避免因光路镜片冷却不好损伤镜片
	检查切割头各气管接头、冷却水接头是否有漏气现象	保证切割头部分切割气体、冷却水能正常供给
	切割前检查保护镜、聚焦镜片的使用情况并及时清洁	保证切割质量和镜片的使用寿命
每月	清理 X、Y、Z 轴导轨表面的油污，重新加注专用润滑脂；清理 X、Y、Z 轴齿条表面的油污，重新加注 EUBO 润滑油	保证 X、Y、Z 轴导轨及齿条的润滑良好
	清理交换工作台传动链条及牵引部件、导向链轮上的油污，重新加注专用润滑脂	保证交换工作台传动链条的润滑良好，确保交换工作台传动链条运行顺畅
	清理电控柜内的污物和灰尘，清理电控柜温控调节机过滤网的灰尘	保证电控柜内部的清洁
	清理操作台内部的污物和灰尘	保证操作台内部的清洁
	检查各轴的限位开关和工作台的限位开关动作是否正常	保证各轴的限位开关和工作台的限位开关可以正常使用
	检查自动润滑注油器油位是否正常，不足请及时加注 EUBO 润滑油	防止油位低报警
	检查机械传动部分的螺丝和限位开关接线是否可靠	保证夹紧气缸润滑良好，延长使用寿命

续表

保养时段	维护保养内容	维护保养目的
每半年	检查机械传动部分螺丝是否紧固	保证机器传动部分的正常运行
	检查各限位关开接线是否可靠	保证机器运行安全
	重新检查紧固电控元器件接线	保证电控部分的可靠运行
	检查气路和冷却水路的连接可靠性	保证气路和冷却水路的可靠运行
	检查空气过滤器滤芯，查看红色指示器有没有超出安全范围	当红色指示塞完全露出或使用8 000 h时，要更换过滤芯

任务 2　冷水机的维护与保养

机床的水路部分主要起到对整个机床的重要部件（激光器、切割头）进行冷却的作用。水路部分如果出现故障，将会影响整个机床的运行，甚至对激光器、切割头造成一定程度的损害，因此按时对水路部分进行保养维护是很有必要的。冷水机的维护保养主要是冷却水的更换和冷水机的日常保养。

1）冷却水更换

打开冷水机加水口所在面板，取出加水口，向不锈钢水箱内加入蒸馏水。所加入冷却水的水质应达到表 8.2 的要求。

表 8.2　冷却水的水质要求

项　目	接受值
pH（25 ℃）	6.0～8.0
电导率（25 ℃）/（$\mu s \cdot cm^{-1}$）	20 以下
Cl^-/（$mg \cdot L^{-1}$）	50 以下
SO_4^{2-}/（$mg \cdot L^{-1}$）	50 以下
$CaCO_3$/（$mg \cdot L^{-1}$）	50 以下

注意事项：

①严禁使用自来水、井水、饮用矿泉水等不符合要求的水源，否则会影响冷水机和激光器内部相关部件的寿命甚至造成整机损坏。

②加水至水面离水箱上沿 8～10 cm 即止（可以用如图8.5 所示的刻度尺测量），以防止水从水箱中溢出。

③在第一次加水和更换新水后，都要拧松水泵的排气螺堵，直到稳定的水涌出排气螺堵，然后拧紧排气螺堵，排尽水泵中的空气才能启动使用，否则会损坏水泵。

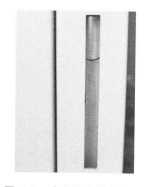

图 8.5　冷水机水箱刻度尺

2）日常保养

①冷水机水泵严禁无水空转。

②冷却水每 30 天更换一次。各种类型的冷水机的日常保养须严格按照各自的冷水机维护保养指导书进行（详见表 8.3）。

表 8.3　冷水机维护保养内容

保养时段	维护保养内容	维护保养目标
每日	检查冷水机温度设定是否正常［设定温度（20±1）℃］	确保供给激光器的冷却水温度正常
	检查冷水机水路密封、水温、水压是否达到要求	保证设备正常运行，防止漏水
	冷水机工作环境保持干燥、清洁、通风	有利于冷水机良好运行
每两周	清洗空气过滤网（将机组空气过滤网的面板打开，将机组空气过滤网往上拉起并向外抽出；可使用吸尘器、空气喷枪及毛刷等将过滤网上的灰尘清除，清洗完毕后，若过滤网潮湿，请摇晃晾干后再装回。若污垢严重，请不定期清洗）	防止散热不良而导致制冷不良，烧坏水泵和压缩机
每月	用清洗剂或高品质的肥皂清除冷水机表面上的污垢，请勿使用苯类、酸类、磨粉、钢刷、热水等清洗	保证冷水机表面清洁
	检验冷凝器是否被污物阻塞，请用压缩空气或毛刷清除冷凝器的灰尘	保证冷凝器的正常运行
	检查水箱水质情况并跟进	好的水质才能确保激光器正常运行
	检查冷水机管路是否有漏水现象	保证冷水机无漏水现象
每三个月	检查电气部件（如开关、接线端子等），并用干抹布擦拭干净	保证冷水机电气部位表面清洁，延长使用寿命
	更换循环水（蒸馏水），并清洗水箱和金属过滤网。若配 ROFIN 激光器，冷却水中加了防腐抑制剂后可半年更换一次冷却水；若配有 PRC 激光器，冷却水中加了丙烯乙二醇后可半年更换一次冷却水	确保激光器正常运行

任务 3　切割头的维护与保养

切割头是整个激光切割设备核心部件，其内部的光学构件使得整体设备能够正常地传输激光并进行切割，在日常生产过程中要频繁地进行更换和保养。

1）日常检查

（1）检查红光

每天开机之后要对发出的引导激光（红光）进行检查。通过查看红光内是否有不正常色点、色斑来判断光路是否被污染，若有不正常的色点、色斑，须对保护镜进行检查。若保护镜出现烧点，需要更换保护镜；若保护镜干净，就需要在去掉保护镜的情况下再次检查红光，如果红光内仍有异常，则需要联系专业技术人员对切割头光路进行检查。

（2）检查同轴

检查完红光后，就需要对喷嘴的同轴进行检查。同轴检查的步骤如下：

步骤 1　将喷嘴升到最高的位置。

步骤 2　将透明胶带贴在喷嘴端面上。

步骤 3　激活并运行打同轴的 NC 程序，此时激光会在透明胶带上烧蚀出一个小孔。

步骤 4　查看透明胶带孔是否位于喷嘴留下的圆形痕迹的圆心处。

步骤 5　若烧点有偏移，则需要通过调节镜腔手柄上的调整螺钉对同轴进行调校。激光中心是固定不变的，因此要通过调节镜腔手柄上的调整螺钉来改变聚焦镜的中心，使其与激光中心相对应。重复上述动作，直到激光在透明胶带上打出的孔与喷嘴的中心重合，这样才确认激光中心与喷嘴中心重合。具体的调整原则等详见项目 7 的任务 6——同轴调校等内容。

（3）检查喷嘴

在切割之前，要检查所选用的喷嘴是否破损以及所选型号是否和工艺参数对应。

2）清洁维护

光纤激光切割机需要清洗的镜片有保护镜片、聚焦镜片、准直镜片，需要使用的擦拭工具（液体、气体）有光纤专用棉签、异丙醇、压缩空气。其中压缩空气的主要作用是拆卸镜片前的清洁。

清洁镜片的步骤：

步骤 1　用新的沾有异丙酮的专用棉签从镜片中心沿圆周运动擦洗镜片，每擦完一周后，换另一根干净的棉签，重复上述操作，直到镜片干净为止。

步骤 2　将清洗好的镜片拿到光线充足的地方观察，若镜片的表面情况良好，表明镜片已经清洁干净，若镜片的表面有斑点、水印等其他瑕疵，则要继续清洁镜片。

步骤 3　将已经清洁好的镜片安置在镜座上。

注意事项：

①不要用手直接触摸光学镜片（保护镜、聚焦镜等）表面，这样容易造成镜面划伤。若镜面上有油渍或者灰尘，将严重影响镜片的使用，应及时对镜片进行清洗。

②严禁使用水、洗洁精等清洗光学镜片。镜片的表面镀有一层特殊的膜，若使用这些来清洗镜片会损伤镜片的表面。

③请勿将镜片放置在阴暗潮湿的地方，这样会使镜片表面老化。

④镜片表面沾有的灰尘、污物或者水汽，容易吸收激光造成镜片镀膜损坏；轻则

影响激光光束的质量，重则无激光光束产生。

⑤镜片有损伤时，应及时送到供应商处进行修复，尽量不要继续使用已经损坏的镜片，否则将会加速损坏本可修复的镜片。

⑥在安装或者更换反射镜或者聚焦镜时，不要使用太大的压力，否则会引起镜片变形，从而影响光束的质量。

3）光学镜片的储存

光学镜片的储存注意事项：

①储存环境温度为 10～30 ℃。不可将镜片放入冷冻室或者类似的环境中，否则取出时冷凝结霜，容易损伤镜片；储存环境的温度不大于 30 ℃，否则会影响镜片表面的镀膜。

②将镜片保存在盒内，且应放置于不震动的环境中，否则镜片容易变形，从而影响其使用性能。

4）耗材更换

常用耗材包括保护镜片、陶瓷环、喷嘴。

（1）陶瓷环

陶瓷环可以在碰撞时有效保护传感器。陶瓷环无固定的更换周期，主要看平时应用情况，损坏立即更换。陶瓷环更换时需要注意以下两点：

①更换时要注意密封圈不要漏装、多装。

②更换时要注意陶瓷环不要装歪（如果装歪可能会导致喷嘴丢失报警）。

（2）喷嘴

喷嘴同样无固定更换周期，损坏立即更换。喷嘴更换时要注意喷嘴的完整性和使用性。如果使用损坏的喷嘴，可能会引起撞板、切割质量下降等问题。

（3）保护镜片

保护镜片可以隔绝切割板材时喷溅上来的切割熔渣等，能有效保护聚焦镜片。保护镜片的更换需要格外小心。

更换光学镜片时的注意事项：

①从包装盒中取出镜片时要十分小心，防止碰伤镜片。

②在包装纸未打开时，不要向镜片上施加任何压力。

③从包装盒中取出反射镜和聚焦镜时，应戴上干净的手套，从镜片的侧面拿取。

④取下镜片上的包装纸时，应避免灰尘等物掉在镜片上。

⑤取出镜片后，用喷枪清除镜面上的灰尘，然后将镜片放在光学镜片专用纸上。

⑥清除镜片支持架及固定架上的灰尘及污物，切忌组装时其他异物掉在镜片上。

⑦安装镜片到镜座上时，不要过度用力，以免镜片变形。

⑧镜片组装完成后，用干净的空气喷枪再次清除镜片上的灰尘及异物。

任务 4　气体设备的维护与保养

机床的气路设备主要用来提供和过滤切割气体，其主要分为空压机、冷干机和吸干机。由于切割需要，机床对所需要气体的含水量、含油量、粒子数都有极高的要求。在实际中要得到这么高质量的气体，靠单一的过滤组件是不能实现的，所以机床配备了多个过滤组件进行分级过滤。

1）空压机（图8.6）

当需要用到空气进行切割时，空压机可以提供压缩空气，同时还可以对产生的压缩空气进行过滤，除去空气中的大部分的油、水、颗粒物。

空压机具体的检查保养措施如表8.4所示。

图8.6　空压机

表8.4　空压机定期保养详情表

类　别	时　间	保养内容	保养要求
日常操作	开机	检查电源指示灯是否亮	保证电源指示灯亮
		检查露点指示仪是否在绿区	保证露点指示仪在绿区
	运行	检查储气罐、第一级过滤器、冷干机的排水情况	正常情况下三者的排水量大小如下：储气罐＞冷干机＞第一级过滤器
		需排查故障时首先检查露点指示仪	保证露点指示仪指针在绿色区（低于10 ℃）
周保养说明	每周一次	检查排污是否堵塞	保证排污没有堵塞
月保养说明	每月一次	清洁冷凝器翅片	保证冷凝器翅片的清洁
		检查功率消耗	保证功率消耗正常
		关闭机组，卸压，更换前后过滤器滤芯	更换新滤芯
		检查露点指示仪是否正常	工作时绿区，停机时红区。确保露点指示器正常
	每三个月一次	关闭机组，卸压，更换前后过滤器滤芯	更换新滤芯

续表

类　别	时　间	保养内容	保养要求
年度保养 说明 （5 000 h）	每半年 一次 （5 000 h）	关闭机组，彻底维护排污阀	保证排污顺畅，年度保养仅限于 5 000 h。如 24 h 工作制，则需要 每半年保养一次。
		关闭机组，卸压，更换前后过滤器 滤芯	更换新滤芯，年度保养仅限 于 5 000 h
	按保养 方法 进行	当机组制冷剂充注量达到 6 kg 或以上 时，需至少每年检查一次制冷剂是否 泄漏	确保无泄漏
		当机组制冷剂充注量达到 30 kg 或以上 时，维护人员需记录制冷剂的种类和 充注量，以及每次维护时加注和回收 掉的制冷剂量	记录数据

在日常生产中，空压机会过滤空气中的杂质，长期运行的空压机设备的易耗件会产生磨损，导致过滤效果变差，需要通过对设备部件的维护或更换（表 8.5）来保持空压机设备的正常运行。

表 8.5　空压机耗材更换表

耗材名称	数　量	更换周期（先到为准）
一级滤芯	1 个	每月更换
二级滤芯	1 个	6 个月/5 000 h 更换
三级滤芯	1 个	6 个月/5 000 h 更换
四级滤芯	1 个	3 个月/3 000 h 更换

2）冷干机（图 8.7）

空压机产生的空气会储存在储气罐中，而从储气罐中出来的空气的温度较高，这时候冷干机可以对其进行冷却和过滤。

图 8.7　冷干机

冷干机具体的检查保养措施如表8.6所示。

表8.6　冷干机定期保养详情表

保养类型	时间	保养内容	保养要求
保养类别	开机	观察机器显示屏上有无报警信息，如有须停机检修	确保无报警信息
		手动打开阀门排放储气罐污水	排净污水，保证空气质量（每天两次）
		仔细检查，有油污及时清理，避免损坏皮带	确保无油污渍
		如果皮带偏松，需调整至皮带张紧，必要时更换皮带	保证皮带张紧
	结束	断电情况下打开箱门，检查机内是否有灰尘，防尘网是否灰尘太多，用气枪吹干净机内灰尘，关好门	保证机内干净，防尘网干净
		检查压缩机油液面是否在油位计中央或在绿色区域上部，不在区域内则进行添加	保证压缩机油液面在油位计中央或在绿色区域内
		排空储气罐内冷凝水	
月保养	每月一次	检查机内是否有锈蚀、松动，锈蚀处除锈上油或喷漆，松动处上紧	确保无锈蚀、松动
		检查供电电源及电线有无脱落、松动，表皮有无损伤。脱落处连接好，松动处紧固，表皮损伤考虑更换	确保无脱落、松动、损伤
定期保养	按保养内容进行	更换新滤芯（空气）	空气滤芯2 000 h定期更换新滤芯
		更换新滤芯（油过滤器滤芯）	新机首次150 h必须更换，以后每2 000 h更换
		更换新润滑油	每4 000 h定期更换

冷干机在维护保养期间的耗材更换清单如表8.7所示。

表8.7　冷干机耗材更换表

耗材名称	数量	更换周期（先到为准）
超级冷却剂	1个	12个月/4 000～6 000 h更换
油过滤器芯	1个	6个月/2 000 h更换
油分离器芯	1个	6个月/3 000 h更换
空气滤芯	1个	6个月/2 000 h更换

3）吸干机（图 8.8）

在激光加工切割过程中，经过冷干机过滤后的气体需要经过吸干机再次进行过滤。

图 8.8　吸干机

吸干机的定期检查保养如表 8.8 所示。

表 8.8　吸干机定期保养详情

保养类别	时　间	保养内容	保养要求
日保养	每日一次	检查吸附塔工作压力，观察面板示数	确认在设计范围内
		检查吸附塔内压力，观察面板示数	确保不超过最大工作压力
		检查再生塔压力，观察面板示数是否在 0.02 MPa 以下	确保压力 0.02 MPa 以下
		检查前置过滤器是否存在排水不畅	确保排水顺畅
		检查吸附塔压力是否与程序所在状态同步，观察面板示数	确保吸附塔压力与程序所在状态同步
月保养	每月一次	检查干燥机进口流量、压力、温度，观察面板示数是否在设计范围内	确认干燥机进口流量、压力、温度在设计范围内
		检查前置过滤器、后置过滤器四个过滤器排水排油情况，关闭机组，卸压，手动打开排污阀门排污	正常情况这里不应有可以目视的水和油
季度保养	每季度一次	检查前置过滤器、后置过滤器压降情况，测量前置过滤器、后置过滤器压力	确保压降在设计范围内

吸干机的过滤组件中包含许多耗材，如果不及时更换耗材就会使过滤组建的过滤效果大打折扣，影响机床加工的正常使用。吸干机易损耗件的更换清单如表 8.9 所示。

表 8.9　吸干机耗材更换表

耗材名称	数　量	更换周期（先到为准）
三级滤芯	1 个	1 年/5 000 h 更换
四级滤芯	1 个	1 年/5 000 h 更换
五级滤芯	1 个	1 年/5 000 h 更换
吸干机吸附剂	25 kg	2～3 年更换
吸干机消声器	1 个	1 年/5 000 h 更换

任务5　除尘设备的维护与保养

激光切割设备加工过程中会产生漂浮的粉尘和金属，在密闭的机床环境中会严重污染激光设备的光学器材，因此需要良好的除尘系统来处理这些漂浮的粉尘和金属。在除尘设备的使用过程中，我们更需要定期保养，才能保证整个切割环节不出现设备污染损坏的情况。

1）保养计划

除尘器的保养一般是按下列事项进行。

①视工作量情况应及时清除净化器底部灰桶内灰尘，并将灰桶安装好。

②检查电气箱内线路是否绝缘，接线端子有无松动。

③定期检查吹扫系统，保证压缩空气压力为 0.5～0.6 MPa。

④每年对风机进行一次检修，平衡叶轮，清洗电机轴承。

⑤定期对进、出气口及管道上的紧固螺母进行检查，避免设备不密封，影响设备正常运转。

⑥当设备出现异常振动时，应检查风机或电机的紧固情况。

⑦电气部分维护及保养：控制系统投入运行后，必须进行定期检查、维护，例如清除柜内灰尘、金属粉尘等，检查各接线端子、接线螺钉是否松动。当接触器吸合时贴芯有噪声、振动时，表示贴芯表面有尘埃，应立即予以清除；当接触器导电触头有发黑、铜霉斑点时，应立即清除。若未听到清灰反吹气流声，再检查压缩空气是否接入，压力是否符合要求，反吹电磁阀是否工作正常，有无直流 24 V 电源等。

⑧当风机嗡嗡响时，先检查电源是否缺相，再检查风机是否机械卡死或紧固螺钉有无松动。如果缺相，应停机及时检修线路及保险丝；如果机械卡死，应排除卡死现象。

⑨当风量减小时，应检查管道是否泄漏，滤芯是否积灰过多；及时更换密封条，清洗滤芯。

⑩当滤芯阻塞时，可能压缩空气压力不够或脉冲阀不工作，应检查压缩空气管路是否连接好、顺序控制仪是否工作，脉冲阀是否损坏，并将滤芯积灰清除干净。

⑪当烟尘过滤效果差时，可能是滤芯固定紧缩螺母松动或滤芯破损，此时应检查每只滤芯的固定情况或更换滤芯。

2）耗材更换

当风量太低或者压差过高出现警示时，或者运行时间超过 2 000 h，出现以下情况时，需要对除尘风器（图8.9）的滤芯进行更换。

图8.9　除尘器

更换滤芯时有以下几个注意事项：

①维护前将电源断开。

②对压缩空气部件维护前，切断压缩空气供应。

③滤芯会按顺序自动清灰，请勿将滤芯取出清灰。

④所有的滤芯必须同时更换。

课后习题与自测训练

一、单选题

1. 机床的气路设备主要用来提供和过滤切割气体。以下（　　）不属于气路设备。

A. 空压机　　　　　B. 冷干机　　　　C. 除尘风机　　　　D. 吸干机

2. 光学镜片的储存环境温度为（　　）。

A. 15～35 ℃　　　　B. 10～30 ℃　　　C. 10～35 ℃　　　　D. 5～30 ℃

3. 常用耗材包括（　　）、陶瓷环、喷嘴。

A. 保护镜片　　　　B. 聚焦镜片　　　　C. 准直镜片　　　　D. 扩束镜片

4. 冷水机可以加的水是（　　）。

A. 自来水　　　　B. 饮用矿泉水　　C. 井水　　　　　　D. 蒸馏水

5. 以下哪种设备可以提供更精密的过滤，获得更加清洁的气体（　　）。

A. 空压机　　　　　B. 冷干机　　　　C. 吸干机　　　　　D. 除尘风机

二、判断题

1. 在擦洗油槽和润滑点时只准使用没有纤维屑的擦布，不要使用废羊毛，不要使用煤油和汽油，而要使用稀薄液体状态的主轴润滑油（喷射润滑油）。　　　　　（　　）

2. 可以将合成润滑油与矿物油或其他厂家生产的合成油混合使用。　　　（　　）

3. 冷水机冷却用水任意水源都可。　　　　　　　　　　　　　　　　　（　　）

4. 取镜片时，应戴上手套，并从镜片的侧面拿取，不要直接触摸镜片镀膜表面。

（　　）

三、简答题

1. 机床的气路设备起什么作用？主要分为哪几个部分？

2. 清洁镜片的具体步骤是什么？

项目 9

常见问题及处理方法

📖 **项目描述**

　　激光切割机主要由切割头、激光器、控制系统、机床主机、冷水机、空压机、除尘器等部分组成,其中切割头、激光器以及控制系统又称为激光切割机的三大核心部件,空压机、除尘器以及冷水机为辅助设备,搭配机床主机组成一台完整的激光切割机。

　　经过前面几个章节的学习,同学们对激光切割机的操作以及使用已经有了一定的认识,但在实际学习中,想必也遇到一些问题。本项目旨在通过介绍激光切割机的各组成部分常见问题以及常见切割头质量问题的处理方法,使学生对激光切割机的常见问题以及处理方法进行系统的了解和认识,进而对激光切割机的常见问题进行初步判断,可以根据问题所在部件,查找相关资料并进行简单有效的处理。

任务 1　核心设备常见问题及处理方法

1) 主设备常见问题及处理方法

(1) 驱动器提示报警 Er610、Er620

Er610 报警原因为驱动器过载,Er620 报警原因为电机过载。

解决方法:检查驱动器对应电机控制的机械轴是否卡死或过载,如:Z 轴报警,则先检查 Z 轴抱闸是否打开等,排除问题后重启驱动器即可。

如图 9.1 所示,切割头已经顶住板材,驱动器报警 Er610 无法复位,机床无法动作。

图 9.1　切割头下降碰到板材示意图

具体步骤：关闭 CNC→强制关闭电挖柜内抱闸继电器（B05KA1：在电挖柜里面找到此继电器，将继电器上绿色弹片往下拨）→用手抬起 Z 轴→再恢复继电器（B05KA1）→驱动器断电重启→重新打开 CNC 即可。图 9.2 为继电器的三种工作状态。

（2）驱动器提示报警 Er731

Er731 报警原因为编码器电池失效，编码器的电池电压过低。

解决方法：更换新的电池。

（3）驱动器提示报警 Er730

Er730 报警原因为编码器电池警告，编码器的电池电压低于 3 V。

解决方法：更换新的电压匹配的电池。

（4）启动切割时喷嘴不出光不出气

解决方法：

①系统设置检查。切割时，激活"空运行"，系统的控制逻辑检查是否不出光也不出气。当切割不出气时，应首先检查是否激活了"空运行"。

②系统输出检查。如果气体测试或者切割时，

图 9.2　继电器控制状态示意图

IO 端口显示"低压阀""高压氮""输出气压"的输出状态不对，请先确认参数设置是否正确。如果确定参数无误，输出状态仍旧不对，请联系设备厂家售后人员。

③线路排查。如果输出状态正确，但是气阀无气吹出，请检查接线和气阀。检查接线可以先从 IO/AO 模块入手，测量模块端口输出电压是否正常。如果端口输出电压正常，继续测量模块端子到气阀端的接线的通断。

④气路和气阀检查。接线及 IO 信号都正常，需检查电磁阀输入端是否有气。如输入端有气，则确认电磁阀损坏。

（5）启动切割时出激光不出气

解决方法：气体测试时有气输出，但是出光时不出气。监控 IO 端口出光时气阀指令是否正常发送，如正常发送，需检查接线的通断；若出光时气阀指令不正常发送，需检查工艺参数设置是否正常，工艺参数设置正常仍无气体，请联系设备厂家售后人员。

（6）程序切割完成后气体未关闭

解决方法：程序切割完成后，查看 IO 端口"低压阀""高压氮"控制点位，若已经关闭，表明系统端控制正常。若软件关闭、整机关机、电控柜断电，此时仍有气体输出，可以判断是电磁阀损坏，气体输出不受系统控制，此时就需要更换电磁阀。

（7）喷嘴一直压板，出现"切割头碰撞报警"无法复位

现象：手动状态，Z 轴向负方向移动时喷嘴压到板材，或者其他操作使得喷嘴一

直和板材接触，此时机床出现"切割头碰撞报警"，而点击大复位按钮无法清除报警，Z 轴无法移动抬起。

解决方法：机床的手动界面关闭"碰撞报警"开关；点击大复位按钮消除机床碰撞报警状态；在手动界面点击"Z＋"按钮将 Z 轴抬起。

（8）随动高度不稳定，或者切割头抖动

解决方法：

①检查机床接地情况，要求机床、调高模块、切割头安装背板单独接地。

②检查清洁传感器，切割过程产生的金属粉尘附在传感器上，容易引起传感器两端短路，或者接线处接触不良，导致电压波动或者反馈异常。

③检查陶瓷环的两个定位孔并确保完好无缺口，金属顶针完好，安装良好时，陶瓷环能够感受到传感器顶针的弹性，同时注意陶瓷环的清洁，是否存在油、水等。

④在切割一些较薄材料时，经常会有材料不平整、翘起的情况，在高压气体的吹动切割下也会引起随动抖动的情况，这时可以在不影响切割效果的情况下适当减小气压，或将翘起的板材使用工装压平整再切割。

⑤在切割厚板时，喷嘴一般有些发热，一方面是长时间的切割过程板材高温持续传导至喷嘴导致高温，另一方面是在切割厚板时使用较高焦点，激光上端发散处与喷嘴有少量接触导致升温，喷嘴升温会导致传感器升温，传感器升温引起电容感应值发生改变，从而导致随动高度的不稳定，此时应根据喷嘴发热情况调整焦点的高度，选择合适的喷嘴孔径，适量增加陶瓷环冷却气体流量。

2）切割头故障及处理方法

①切割过程中出现喷嘴发烫严重、切割质量下降等情况，若继续切割，可能导致喷嘴被激光融化（图 9.3），甚至镜面受热炸裂的情况。

（a）   （b）

图 9.3　喷嘴正常、烧坏示意图

解决方法：

A. 切割头内部镜片脏，导致光散射，引起喷嘴烧坏，需检查镜片，必要时更换镜片或者切割头。

B. 检查机床冷却器是否正常输出，以及冷却气压力是否过低。

C. 焦点设置过高，喷嘴选用规格过小，也会导致喷嘴烧坏。

D. 同轴未校正，导致激光打到喷嘴侧壁。

②调高传感器以及调高模块共同作用，在切割过程中实时控制喷嘴与板材的高度。当传感器或调高模块发生故障时，这个高度就会不受控制或者不准确，主要表现为无故出现大复位无法消除的侧碰报警、喷嘴丢失报警、切割过程中切割头撞板等现象。

解决方法：

A. 先执行零点标定，观察能否消除报警。

B. 清洁传感器以及连接螺丝。

C. 联系售后工程师协助测量传感器，检查射频线电压电阻值是否正常。

D. 判定故障并更换调高模块或者传感器。

③在夏天高温时期，切割头内部镜片出现结雾现象，这是通向切割头内部的冷却水温度远低于环境温度导致的。若出现此情况后继续出光切割，可能导致内部镜片损坏。

解决办法：

A. 若切割头冷却水温设置过低导致水雾凝结，可提高冷却水温。

B. 若切割头冷却腔体内部渗水，则更换切割头。

④切割过程中没有发生碰撞的情况，同轴经常发生变化，切割质量不稳定。

解决办法：

A. 检查传感器、陶瓷环、喷嘴是否锁紧。

B. 检查同轴调节机械结构，必要时更换。

⑤W 轴调焦控制异常，切割焦点偏高或偏低，拉焦点观察焦点变动后割缝无明显变化等情况。

解决办法：检查调焦公式设置是否正确。

3）激光器故障及处理方法

（1）温湿度相关报警

①主板报警"21"，子板报警"3、5、7、9、11、13、15（低温报警）"。

解决方法：出现此报警的主要原因是外部环境温度较低，导致激光器内部温度过低，触发激光器内部低温报警信号，可让冷水机在低温水 25 ℃状态下运行 10 min，然后再开启激光器，确保激光器内部温度上升至 20 ℃以上。

②主板报警"21"，子板报警"2、6、8、10、14（高温报警）"。

解决方法：检查冷水机是否存在故障，低温水水温度是否降温在 25 ℃以内；联系激售后工程师排查。

③主板报警"8、23"，子板报警"30"。

解决方法：出现此报警的主要原因是激光器内部环境湿度大或其他故障，需要检查外部环境温湿度是否符合要求、激光器机柜空调运行是否正常，激光器内部是否漏水，或联系售后工程师处理。

（2）电气相关报警

①主板报警"1、2"。

解决方法：联系激光售后工程师排查。

②主板报警"5"。

解决方法：需要检查外部互锁信号相关联的机床、冷水机是否存在报警，或联系激光售后工程师排查。

③主板报警"20"，子板报警"1、31"。

解决方法：出现此报警的主要原因是外部电源电压异常，需联系激光售后工程师排查。

④主板报警"22"，子板报警"16、17、18、19"。

解决方法：内部功率异常，需联系售后工程师处理。

⑤主板报警"24"，子板报警"20"。

解决方法：出现此报警是过流报警，需联系售后工程师处理。

⑥主板报警"66、99"。

解决方法：出现此报警的主要原因是功率板或主控板故障，需联系售后工程师处理。

⑦激光器指示灯不亮，无法正常上电。

解决方法：

A. 检查外部电源电压；

B. 松开急停按钮；

C. 空开跳闸原因排查处理后复位；

D. 排查处理机柜空调故障，必要时进行更换。

⑧报警提示"与激光器连接出现异常，请检查通信网络"。

解决方法：确认激光器是否处于上电状态；机床网口设置 IP 地址（建议：192.168.0.22）；检查网口或更换网线。

⑨报警提示"请注意，光模块连接失败"。

解决方法：激光器外部急停报警复位后，重新连接监控软件；拔插光模块的控制排线，必要时更换排线；联系售后工程师处理。

⑩报警提示"请选择控制方式"。

解决方法：出现此报警主要原因是激光器还没上高压（也叫：激光器使能、HV），控制方式未识别，需要给激光器上高压。

（3）光路相关报警

①主板报警"3"。

解决方法：检查红光是否正常。如正常，观察 QBH 温度，排查温度异常原因（冷水机水温超设定值、镜片损伤、反光）；若 QBH 存在异常，需联系售后工程师处理。

②主板报警"4、6、7、25"，子板报警"21、29"。

解决方法：确认红光是否正常，如果正常，再确认切割是否正常，是否有反光或切割不透现象，修改切割工艺参数，若以上都正常，需联系售后工程师处理。

（4）其他问题排查

①切割过程掉高压。

解决方法：检查机床控制信号；打开操作软件，查看报警信息，根据报警信息按上述处理方式解决；联系售后工程师排查。

②激光器外控不出光。

解决方法：正常启动激光器；按上述报警处理方式解除故障；内外控开关打到外控状态；检查机床的启动信号、使能信号、PWM信号、模拟信号是否正常；联系售后工程师处理。

任务2　辅助设备常见问题及处理方法

1）空压机故障及处理方法

（1）空压机不能启动

解决方法：检查供电是否正常；检查控制电路保险丝；检查变压器次级线圈控制电压；确认星形/三角形接法计时器是否损坏。

（2）空压机因温度过高停机

解决方法：若冷却剂不够，则添加冷却剂；若环境温度高，则降低环境温度。

（3）噪声过大

解决方法：若主机故障，则更换主机；若皮带打滑，则更换皮带或者张紧轮；若电机故障，则更换电机；若部件松动，则拧紧部件。

（4）泄压安全阀开启

解决方法：若压力开关故障，则更换压力开关；若最小压力阀故障，则更换压力阀；若吹气阀故障，则更换吹气阀；若进气阀故障，则更换进气阀。

（5）轴封泄漏

解决方法：更换轴封。

（6）冷却剂过度消耗

解决方法：若分离器芯泄漏，则更换分离器芯；若冷却器系统泄漏，则检查修补泄漏处；若分离器芯管排放受阻，则拆卸部件并清洁干净。

2）除尘器故障及处理方法

（1）风机不启动

解决方法：检查电源连接；检查是否缺相；检查风机的电路布线是否正确。

（2）风量不足

解决方法：更换滤芯（达到使用寿命）；检查风道是否密封；检查风机的出入风口是否被堵塞。

（3）粉尘泄漏

解决方法：检查灰桶安装是否正确；检查滤芯是否受损；检查设备是否密封。

（4）自动反吹异常

解决方法：检查控制箱面板是否设置为自动反吹状态；检查压缩空气是否接入；检查压缩空气气压是否为 0.4～0.6 MPa。

3）冷水机故障及处理方法

冷水机故障及处理方法如表 9.1 所示：

表 9.1　冷水机故障及处理方法

报警信息	原因分析	排除方法
无显示	外部电源供电不正常	检查外部电源，排除故障
	电源开关没打开	将电源开关打到"ON"位置
	信号航插没有插上	将信号航插插上
	远程开关没有闭合	闭合远程开关
	控制变压器损坏	更换控制变压器
	显示器与控制器通信线松	将显示器与控制器的通信网线重新插紧
E1"↻"标志点亮	三相相序错误	调换三相中的任意两相
	三相电源缺相	检查三相电源
	相序继电器损坏	更换相序继电器
低温水系统 E3 "Flow"标志点亮	低温水水箱水位不足	给水箱加水
	低温水水泵没有排空	重新给水泵排空
	低温水流量开关坏	检查流量开关，必要时更换
低温水系统 E4 "HP"标志点亮	环境温度过高	降低环境温度，保证冷水机周围空气流通
	过滤网或冷凝器太脏	用压缩空气清洁过滤网和冷凝器（不要损伤翅片）
	冷水机面板被打开	关上冷水机所有面板
	风机不转	检查风机，必要时更换
	水温太高	排干水箱热水并注满新水
	压力继电器损坏	检查压力继电器，必要时更换
低温水系统 E5 标志点亮	低温水水箱水位不足	控制变压器 12 V 损坏
	给水箱加水	更换控制变压器

续表

报警信息	原因分析	排除方法
低温水系统 E6 🔒标志点亮	环境温度太高	降低环境温度，保证冷水机周围空气流通
	电源电压过低或过高	检查电源电压并使之符合要求
	水温太高	排干水箱热水并注满新水
	过滤网或冷凝器太脏	用压缩空气清洁过滤网和冷凝器（不要损伤翅片）
	压缩机内置保护器动作	压缩机冷却后会自动复位
低温水系统 F01	低温水冷凝温度传感器开路	检查低温水冷凝温度传感器，必要时更换
低温水系统 F11	低温水冷凝温度传感器短路	检查低温水冷凝温度传感器，必要时更换
F02	环境温度传感器开路	检查环境温度传感器，必要时更换
F12	环境温度传感器短路	检查环境温度传感器，必要时更换
低温水系统 F03	低温水水温传感器开路	检查低温水水温传感器，必要时更换
低温水系统 F13	低温水水温传感器短路	检查低温水水温传感器，必要时更换
高温水系统 F04	高温水水温传感器开路	检查高温水水温传感器，必要时更换
高温水系统 F14	高温水水温传感器短路	检查高温水水温传感器，必要时更换
E9	显示器与控制器通信线松	检查显示器与控制器通信线
通信故障	显示器与控制器通信线断	更换通信网线
除自动复位故障外，其他故障均需要断电再重新上电才可复位。"E2"和"E4"报警，需要先将压力继电器的"PUSH TO RESET"键按下后，再重新上电才可复位。		

课后习题与自测训练

一、判断题

1. 冷水机在第一次安装使用过程中，报警提示 E1，通常情况是三相相序错误，一般只需要调换三相中的任意两相就可以。　　　　　　　　　　　　　（　　）

2. 冷水机报警 E5 通常是环境温度过高、过滤网或冷凝器太脏、风机不转、水温太高、压力继电器损坏等几个原因引起的。　　　　　　　　　　　　　（　　）

3. 在生产过程中没有发生碰撞，但是同轴经常发生变化，可以①检查传感器、陶瓷环、喷嘴是否锁紧；②检查同轴调节机械结构，必要时更换。　　　　（　　）

4. 在夏天发生镜片结雾现象时，可能时因为切割头冷却水温设置过低，导致水雾凝结，可提高冷却水温。　　　　　　　　　　　　　　　　　　　（　　）

5. 激光器报警提示"请选择控制方式",是因为激光器还没上高压,控制方式未识别,需要降激光器上高压。 （　　）

二、单选题

1. 在生产过程中出现喷嘴发烫,喷嘴过烧时,以下说法错误的是（　　）。

A. 切割头内部镜片脏,导致光散射,引起喷嘴烧坏

B. 同轴未校正引起喷嘴过烧

C. 焦点设置过高,喷嘴选用规格过小,导致喷嘴过烧

D. 随动高度不稳定引起喷嘴过烧

2. 出现大复位无法消除的测碰报警、喷嘴丢失报警、切割过程中切割头撞板等现象时,以下处理方法错误的是（　　）。

A. 先执行零点标定,观察能否消除报警

B. 清洁传感器以及连接螺丝,检查陶瓷环安装是否正确

C. 联系售后工程师协助测量传感器,检查射频线电压电阻值是否正常

D. 检查同轴调节机械结构,必要时更换

3. 在切割过程中发生随动不稳定时,以下处理方法正确的是（　　）。

A. 检查机床接地情况,要求机床、调高模块、切割头安装背板单独接地

B. 检查外部电源,排除外部电源故障

C. 环境温度过高,降低环境温度

D. 检查调焦公式设置是否正确

4. 当激光器监控软件出现主板报警"21",子板报警"3、5、7、9、11、13、15"时,可能是因为（　　）。

A. 外部环境温度较低,导致激光器内部温度过低,触发激光器内部低温报警信号

B. 光器内部环境湿度大或其他故障引起的报警

C. 出现此报警的主要原因是外部电源电压异常

D. 出现此报警的主要原因是功率板或主控板故障

5. 当除尘器的风量不足时,以下处理方式错误的是（　　）。

A. 检查滤芯是否堵塞,判断是否更换滤芯

B. 检查风道是否密封

C. 检查风机的出入风口是否被堵塞

D. 检查灰桶安装是否正确

三、简答题

1. 简述当生产过程中发生随动高度不稳定时的几种处理方法。

2. 简述切割过程中引起喷嘴发烫的几种原因以及处理方法。

参考答案

项目 1　激光切割技术基础知识

一、单选题

1. A　　　　2. D　　　　3. C　　　　4. D　　　　5. B

二、判断题

1. ×（激光治疗肿瘤属于接触式激光）

2. ×（物理反应和化学反应同时发生）

三、简答题

1. 激光的特性：高亮度性、高方向性、高单色性和高相干性。

2. 激光切割的原理：利用经聚焦的高功率密度激光束照射工件，使被照射的材料迅速熔化、汽化、烧蚀或达到燃点，同时借助与光束同轴的高速气流吹除熔融物质，从而将工件割开。

项目 2　产品安全与防护措施

一、判断题

1. √　　　　2. √　　　　3. √　　　　4. √　　　　5. ×

二、单选题

1. A　　　　2. B　　　　3. C　　　　4. D　　　　5. A

三、简答题

1. 我国激光产品分为 4 级，其中第 3 级激光产品又细分为 3A 类和 3B 类。

1 类：其连续波功率很小，只达微瓦或亚微瓦级。在正常操作下，不会产生对人有伤害的光辐射，一般不必采取防护措施。

2 类：功率为 $0.1 \sim 1$ mW，仍属小功率范围，可以用肉眼观察。

3A 类：其连续波输出功率为 $1 \sim 5$ mW，通常应采取防护措施，其工作区及激光源本身均应设相应的警告标志。

3B 类：其输出功率为 $5 \sim 500$ mW，直接靠近这类激光源对身体有危害。

4 类：其输出功率在 0.5 W 以上，即使通过漫反射也有可能引起危害，会灼伤皮肤、引燃可燃物等。

2. ①防护罩；②挡板和安全联锁；③钥匙控制器；④安全光路；⑤光束终止器或衰减器；⑥激光辐射发射警告；⑦激光安全标志。

项目3 典型激光切割设备

简答题

1. 1960 年。

2. 大族激光、华工科技、邦德激光、楚天激光、德国通快、萨瓦尼尼、马扎克、迅镭激光、奔腾激光。

项目4 激光切割设备主机

一、判断题

1. √　　　2. √　　　3. √　　　4. ×　　　5. ×

二、简答题

1. 数控光纤激光切割机主要由机床主机部分、电气控制部分、冷水机组、冷风系统、排风系统等五部分组成。

2. 机床外罩一般由外围防护板、观察窗、顶棚三部分组成。机床外罩起隔离机床内部空间和外部空间的作用，可以有效地防止人员及其他生物进入机床，也可以隔离激光切割的光束，将其封闭在机床内部。机床加装顶棚可以提升机床除尘效果，折叠式顶棚还可方便操作人员作业。

项目5 激光切割系统构成

一、判断题

1. √　　　2. √　　　3. ×　　　4. √　　　5. √

二、单选题

1. D　　　2. A　　　3. B　　　4. D　　　5. A

三、简答题

1. （1）光纤激光切割机由稳压器、激光器、冷水机、空压机、冷干机、除尘器组成。

（2）辅助设备的作用：

①稳压器为激光器和电控柜（CNC）提供稳定的电源，保证机器稳定地工作；

②激光器为激光切割提供激光源；

③冷水机为激光器、QBH 及准直装置提供冷却水；

④空压机是为机床的除尘排风口气缸动作、空气切割及陶瓷环冷却提供压缩空气；

⑤冷干机是空压机参与机床正常工作不可缺少的一部分，它可以过滤空气中的油跟水，为机床提供干净的空气；

⑥除尘器（风机）收集机床切割过程中产生的废气及粉尘并在过滤之后排放到室外，保证良好的工作环境（风机仅收集及排放，起不到过滤的作用）。

2. 氧气和氮气的气源一般有四种储存方式，分别为：

①瓶装气，压力能得到良好的保证，但是成本高、使用时间短、需要频繁换气；

②杜瓦罐，换气方便、使用时间较长、适合持续长时间加工，而且成本较低（必须使用高压杜瓦罐，汽化器一般不小于 $100\ \mathrm{m}^3/\mathrm{h}$）；

③快易冷，非常适合激光切割（长三角、珠三角、京津唐等经济发达地区才有供应）；

④储罐，使用成本非常低、持续使用时间长、压力稳定度好，但是一次性投资大，两台以上机器且同时大量使用氮气作为辅助加工气体的时候建议使用。

项目6　人机交互界面核心功能

一、判断题

1. √　　　2. √　　　3. √　　　4. √　　　5. √　　　6. √

二、简答题

1. 急停开关在机床主操作面板和工作台交换小面板。以下几种情况需要使用急停按钮：第一，机床在运行中出现危险情况需要立即停止运行时；第二，机床运行完毕后，在关闭系统之前；第三，当修改完机床参数后，在保存之前。

2. 在线 CAM 软件可以完成的操作有：导入文件、编辑图形、编辑加工路径、输出 NC 程序及模拟加工。在线 CAM 软件的功能有：编辑图形，包括导入、裁剪、炸开、合并、阵列、群组、飞切、桥接、测量、优化等功能；编辑加工路径，包括分层、补偿、引线、微链接、修改加工顺序、NC、模拟等功能。

项目7　激光切割设备操作流程

一、单选题

1. B　　　2. C　　　3. D　　　4. C　　　5. A

二、判断题

1. ×　　　2. √　　　3. ×　　　4. ×　　　5. √

项目8　设备的维护与保养

一、单选题

1. C　　　2. B　　　3. A　　　4. D　　　5. C

二、判断题

1. √　　　2. ×　　　3. ×　　　4. √

三、简答题

1. 机床的气路设备主要用来提供和过滤切割气体。其主要分为以下几个部分：

①空压机（用来提供压缩空气）；

②冷干机（对压缩空气进行降温、过滤，减少其中含水量、含油量）；

③吸干机（对过滤后的气体进行更精密的过滤，获得更加清洁的气体）。

2. 清洁镜片的步骤：用新的沾有异丙酮的专用棉签从镜片中心沿圆周运动擦洗镜

片，每擦完一周后，换另一根干净棉签，重复上述操作，直到镜片干净为止，千万不要用已经使用过的棉签来进行操作；将清洗好的镜片拿到光线充足的地方观察，若镜片的表面情况良好，表明镜片已经清洁干净，若镜片的表面有斑点、水印等其他瑕疵，则要继续清洁镜片；将已经清洁好的镜片安置在镜座上。

项目9　常见问题及处理方法

一、判断题

1. √　　　2. ×　　　3. √　　　4. √　　　5. √

二、单选题

1. D　　　2. D　　　3. A　　　4. A　　　5. D

三、简答题

1. ①检查机床接地情况，要求机床、调高模块、切割头安装背板单独接地；②检查清洁传感器，清洁附在传感器上的金属粉尘；③检查陶瓷环，陶瓷环的两个定位孔确保完好无缺口，金属顶针完好，安装良好时，陶瓷环能够感受到传感器顶针的弹性，同时注意陶瓷环的清洁，是否存在油、水等情况；④在切割较薄的不平整材料时，可适当减小气压；⑤观察喷嘴是否发热，调整合适的工艺参数，改善喷嘴发热引起的随动不稳定。

2. ①切割头内部镜片脏，导致光散射，引起气嘴烧坏，检查镜片，必要时更换镜片或者切割头；②检查机床陶瓷环冷却气是否正常输出，及冷却气压力是否过低，适当加大冷却气压；③焦点设置过高，气嘴选用规格过小，也会导致气嘴烧坏，选用合适喷嘴以及工艺参数；④同轴未校正，导致激光打到喷嘴侧壁，应重新打同轴。

参考文献

［1］陈虹，尹志斌. 激光产品的安全分级与防护［J］. 激光杂志，2010，31（4）：46-48.

［2］颜炳玉. 激光对人体的损伤，激光产品的分级标准及安全防护措施［J］. 应用激光，1987（4）：172-176.

［3］畅雪苹，王丹丹，王谦. 浅析激光切割技术的应用［J］. 汽车实用技术，2020（17）：127-129.

［4］郭华锋，李菊丽，孙涛. 激光切割技术的研究进展［J］. 徐州工程学院学报（自然科学版），2015，30（4）：71-78.

［5］叶建斌，戴春祥. 激光切割技术［M］. 上海：上海科学技术出版社，2012.

［6］陈鹤鸣，赵新彦. 激光原理及应用［M］. 北京：电子工业出版社，2009.

［7］王滨滨. 切割技术［M］. 北京：机械工业出版社，2019.

［8］陈家璧，彭润玲. 激光原理及应用［M］. 3版. 北京：电子工业出版社，2013.

［9］周炳琨，高以智，陈倜嵘，等. 激光原理［M］. 6版. 北京：国防工业出版社，2009.

［10］金冈优. 图解激光加工实用技术：加工操作要领与问题解决方案［M］. 北京：冶金工业出版社，2013.